H. Dieter Neumann

ALLES IN BUTTER

Redewendungen aus Handwerk und Handel

Für André,
begabter Handwerker
und tüchtiger Kaufmann zugleich.

2. Auflage 2018
H. Dieter Neumann. Alles in Butter!
Redewendungen aus Handwerk und Handel

Regionalia Verlag
ein Imprint der Kraterleuchten GmbH, Lindenstraße 14, 54550 Daun
Alle Rechte vorbehalten

Layout und Satz: Derek Gotzen, artworkcreations.de
Einbandgestaltung: Beata Salanowski für agilmedien, Niederkassel

Gedruckt in der Europäischen Union, Finidr, CZ

ISBN 978-3-95540-304-1

www.regionalia-verlag.de

Inhalt

Der Lederer – Tommaso Garzoni, 1641"

Vorwort

Dies ist nun schon das vierte Buch über Redewendungen, das ich geschrieben habe, und auch das bisher schwierigste. Nicht etwa, weil es ein Problem gewesen wäre, griffige aus Handwerk und Handel stammende Sprachbilder zu finden – ganz im Gegenteil. Viele Redensarten, die wir heute noch wie selbstverständlich im Munde führen, haben ihren Ursprung im Kaufmannsgewerbe, und aus der langen Geschichte des Handwerks sind es sogar einige Hundert. Das eigentliche Problem war die sogenannte Qual der Wahl, denn längst nicht alles, was ich gefunden habe, konnte ich in dieses Büchlein aufnehmen. Ich habe mich schließlich auf solche Sprachbilder beschränkt, die noch heute besonders häufig in unserer Alltagssprache auftauchen, wobei ich denen den Vorzug gegeben habe, deren Entstehungsgeschichte außergewöhnlich oder gar ein wenig skurril ist.

Nun habe ich den Begriff „Sprachbild" schon zweimal gebraucht. Er taucht auch im Buch immer wieder auf, und das hat einen guten Grund: Redewendungen sind nämlich nichts anderes als gesprochene Bilder, die unsere tägliche Kommunikation viel stärker bestimmen, als wir uns oftmals bewusst sind. Wir bedienen uns ihrer ganz selbstverständlich, so vertraut sind uns einige von ihnen geworden. Ohne sie wäre unsere Umgangssprache farblos. Und ganz wie Gemälde haben Sprachbilder höchst unterschiedliche Eigenschaften: Sie können gefühlvoll-zart sein oder kräftig-deftig, von feinem Stil oder wüstem Duktus. Es gibt, wollen wir beim Vergleich mit Gemälden bleiben, sowohl impressionistische Redensarten als auch expressionistische, abstrakte oder realistische ebenso wie klassische oder surrealistische.

Die unzähligen noch heute verwendeten Phraseologismen* stammen aus allen überhaupt denkbaren Bereichen des menschlichen Lebens, natürlich auch aus Handwerk und Handel. Fast immer kommen die Begriffe und Formulierungen aus längst vergangenen Zeiten, haben Jahrhunderte gebraucht, um sich in unseren täglichen Sprachgebrauch einzuschleichen. Ihnen auf die Spur zu kommen, ist die Aufgabe dieses

Büchleins. Wir wollen daraus keine wissenschaftliche Abhandlung machen, sondern ich lade Sie dazu ein, mit mir einen munteren Ausflug in längst vergangene Welten und das, was sie uns zumindest verbal hinterlassen haben, zu unternehmen.

Ich werde Ihnen dabei, um in unserem Thema zu bleiben, weder *einen Bären aufbinden* noch werden wir gemeinsam *im Trüben fischen.* Würden Sie nach einer hoffentlich ebenso vergnüglichen wie aufschlussreichen Lektüre sagen: „Alles in Butter!", wäre der Zweck dieses Büchleins schon erreicht.

---

* *Phraseologismus = sprachwissenschaftliche Bezeichnung für eine Redewendung, also eine meist mehrteilige Wortverbindung, deren Bedeutung über den Sinngehalt der einzelnen Wortbestandteile hinausgeht.*
Der Vollständigkeit halber wird darauf verwiesen, dass es sich bei dem vorliegenden Band um eine Sammlung von Redensarten handelt, die sich an den an Sprache interessierten Laien richtet, der Vergnügen daran findet, den Ursprung so manch liebgewonnener sprachlicher Wendung zu erfahren. Dem Autor des Buches ist bei der Wortwahl der Begriffe „Redewendung", „Metapher", „Phraseologismus", „Synonym" etc. bewusst, dass in der Linguistik teilweise umstritten ist, wie diese im Einzelnen zu definieren bzw. voneinander abzugrenzen seien.

Der Formschneider

Handwerk hat goldenen Boden

Stolz und Stand

Von Handwerksehre,
Handwerkskunst und guten Sitten

Der Maurer aus „Was willst du werden?" – Bilder aus dem Handwerkerleben, 1880

Pünktlich wie die Maurer

überpünktlich / auf die Minute genau

Wer sich schon einmal über Handwerker geärgert hat, die zum zugesagten Termin nicht oder zu spät erschienen sind, kann sich über die Bedeutung nur wundern, in der diese Redensart heute gebraucht wird. Denn hier stehen ausgerechnet die Maurer, eine große, uralte Zunft unter den Handwerkern, für besondere Pünktlichkeit.

Schaut man jedoch genauer hin, ist mit dieser sprichwörtlichen Termintreue der Maurer keineswegs die bei der Arbeit, sondern die zum Feierabend gemeint. Pünktlich wie die Maurer ist eine ironische Formulierung, aus der Behauptung entstanden, dass gerade die Angehörigen dieses stolzen Handwerks es vor allem immer dann mit der Uhrzeit sehr genau nähmen, wenn sie die Kelle endlich aus der Hand legen dürfen.

So gibt es auch die hübsche Geschichte von dem Maurergesellen, der auf tragische Weise ertrunken ist, weil er überpünktlich war. Er war bei der Arbeit an der Mauer einer Uferpromenade in den Fluss gefallen. Noch während er versuchte, sich ans Ufer zu retten, läutete die Kirchturmuhr der nahen Stadt am Flussufer den Feierabend ein. *Pünktlich wie die Maurer* stellte der wackere Mann selbstverständlich sofort die Schwimmbewegungen ein und ertrank.

Im Lot (aus dem Lot) sein

im (aus dem) Gleichgewicht sein

Es alles em Lot, alles em Lot.
Alles weet joot, alles weet joot,

singt in Kölschem Platt Wolfgang Niedecken mit der deutschen Rockband *BAP*. Wenn *alles im Lot* ist, kann redensartlich nichts mehr schiefgehen, dann ist oder wird, wie *BAP* ja auch singen, „alles gut". Ist etwas hingegen *aus dem Lot*, stimmt nichts mehr, es herrscht Unordnung, Ungleichgewicht, gar Chaos, und folgerichtig beginnt stets rasch der Versuch, alles wieder *ins Lot zu bringen*.

Wir stellen fest, dass diese Redensart erst im 20. Jahrhundert Eingang in unsere Umgangssprache genommen hat, obwohl sie ein Hilfsmittel thematisiert, das Lot nämlich, welches es schon sehr lange gibt. Wieder sind wir beim Maurerhandwerk – diesmal allerdings deutlich ernsthafter als im Zusammenhang mit der vorher besprochenen scherzhaften Metapher. Mit dem Lot, einem Bleigewicht an einer beliebig langen Schnur, prüfte der Maurer viele Jahrhunderte lang, ob eine hochgezogene Wand auch tatsächlich gerade stand. Inzwischen hat die Wasserwaage das Bleilot für diese Aufgabe abgelöst, dennoch kommt es – obwohl selten – auch heute noch zum Einsatz. Ist ein Gebäude, beispielsweise ein Turm, so hoch, dass selbst eine extrem lange Wasserwaage nicht mehr ausreicht, lässt der Maurer entlang der Wand ein Senkblei an der Schnur von der Spitze auf den Boden sinken und erkennt so, ob er einwandfreie Arbeit geleistet hat. Ist *alles im Lot*, ist alles in Ordnung – auch redensartlich.

(Sitzt,) Passt, wackelt und hat Luft

Die Arbeit ist fertig
(wenn auch manchmal nicht vollständig gelungen).

Immer wieder hört man Handwerker (aber auch Hobby-Heimwerker) nach getaner Arbeit diesen Spruch ausrufen. Meistens ist es ein erleichterter, wenngleich witziger Ausdruck dafür, dass das Werk – ob kleine Reparatur oder großes Bauprojekt – nun beendet wurde. Gern wird die Redewendung vor allem dann genutzt, wenn das Ergebnis nicht perfekt ist, trotzdem jedoch seinen Zweck noch erfüllt. Auch dann, wenn es jemandem mit viel Mühe und oftmaligem Vor- und Zurückrangieren endlich gelungen ist, sein Auto halbwegs ordentlich in einer Parklücke zu platzieren, passt ein aufatmendes „Passt, wackelt und hat Luft".

Weder weiß man genau, wann dieses humorvolle Sprachbild Einzug in die Alltagssprache genommen hat, noch, ob es einem bestimmten Handwerk zuzuordnen ist. Tatsächlich wissen wir nur, dass es aus dem Handwerksbereich stammt und inzwischen auch gern von den Tausenden handwerklichen Laien benutzt wird, die nach mehr oder weniger sinnvollen Anleitungen und komplett verwirrenden Zeichnungen in Eigenleistung Möbel zusammenbauen, nachdem sie deren geheimnisvolle Einzelteile vorher aus Kartons ausgepackt haben. Zumindest für mich, der stets die Befürchtung hegt, das Selbstbauregal aus dem schwedischen Möbelhaus könne nach Beendigung meiner Konstruktionsbemühungen eher wie ein sehr großes Vogelhäuschen aussehen, scheint der Spruch: „Passt, wackelt und hat Luft" geradezu erfunden worden zu sein. Immer bleibt irgendetwas übrig, nie funktioniert es zu hundert Prozent, meistens ist es instabil bis wacklig – und dennoch kann man es meistens ganz gut gebrauchen.

Schön, dass diese lustige Redewendung solch einen tröstlichen Beiklang hat.

Schmiede in Sufers – Foto von Walter Mittelholzer

Beschlagen sein

sich auskennen / viel wissen

Besonders kenntnisreich ist einer, von dem wir sagen, er sei sehr *beschlagen*. Meistens wird der Ausdruck auf ein bestimmtes Wissensgebiet oder eine Fertigkeit bezogen, die jemand hervorragend beherrscht.

Ohne Schwierigkeiten lässt sich dieses Sprachbild sofort mit dem Handwerk des Hufschmieds verbinden, das immer noch sehr lebendig ist. Nur wer auf einem mit guten Hufeisen fachgerecht beschlagenen Pferd unterwegs war und ist, kommt zügig voran. *Beschlagen* sein hat aus dieser einfachen, jedermann bekannten Tatsache etwa ab Beginn des 17. Jahrhunderts als Sinnbild für Können und Leistungsfähigkeit seinen Einzug in die Alltagssprache gefunden. Die Gebrüder Grimm

HUF- UND WAGENSCHMIEDE

Wappen der Huf- und Wagenschmiede

führen in ihrem *Deutschen Wörterbuch* folgende Redensart auf: *Der Kerl ist hinten und vorn beschlagen*. Völlig klar, dass damit ausgedrückt werden soll, jemand sei in vielerlei Hinsicht gut gerüstet (auch eine alte Redewendung, allerdings aus dem Militärwesen stammend), habe mithin besondere Fähigkeiten oder auch nur das, was wir heute *den Durchblick* nennen.

Lehrgeld zahlen

aus Schaden klug werden

Eine Erinnerung aus meiner frühen Jugend, die mich heute noch schmerzt, hat mit dem Skatspiel zu tun. Ich kannte damals zwar die Regeln dieses Spieles, hatte es mit Altersgenossen auch schon oft gespielt, niemals jedoch mit Erwachsenen, die alle Raffinessen des Skats beherrschten. Als ich das – leichtsinnigerweise und in grenzenloser jugendlicher Selbstüberschätzung um (wenngleich wenig) Geld – zum ersten Mal tat, war ich nach zwei Stunden mein Taschengeld für einen ganzen Monat los. Einer der älteren Skatbrüder erklärte mir grinsend, ich hätte nun *Lehrgeld gezahlt*. Viel mehr braucht man zur Bedeutung dieser Redensart wohl nicht auszuführen.

Früher war es ganz selbstverständlich, dass alle Lehrherren im Handwerk ein sogenanntes Lehrgeld von denen bekamen, die sie ausbildeten, also von ihren Lehrlingen. Damit wurde aber auch Unterkunft und Verpflegung abgegolten, da die jungen Leute in der Regel im Hause des Handwerksmeisters untergebracht waren. Heute heißen die Lehrlinge „Auszubildende", und in Deutschland (wie in den meisten Staaten der Europäischen Union) gibt es das „Lehrgeld" nicht mehr. Dass mancher es dennoch hin und wieder noch zahlen muss, hat nichts mehr mit dem Handwerk zu tun, sondern ist allein der Übernahme des Begriffes in die Alltagssprache geschuldet.

Unter Dach und Fach bringen

fertigstellen / erfolgreich abschließen / etwas zu einem guten Ende bringen

Ein gutes Gefühl, wenn endlich – oftmals nach langwierigen Verhandlungen oder nach einer anstrengenden Arbeit – *etwas unter Dach und Fach* gebracht ist.

Diese alte Redewendung führt uns in gleich mehrere Handwerke. Maurer, Zimmerleute und Dachdecker waren allesamt daran beteiligt, ein Gebäude (im Zusammenhang mit diesem Sprachbild natürlich ein Fachwerkhaus früherer Bauweise) fertigzustellen. Erst wenn alle diese Gewerke vollendet waren, stand das Haus *unter Dach und Fach*, war bewohnbar und bot Sicherheit. „Dach und Fach" ist zudem eine schöne sprachliche Paarformel, die allein deswegen gern in die Alltagssprache übernommen wurde und sich dort bis heute dafür, dass etwas endlich gelungen und fertig sei, gehalten hat.

Schuster, bleib bei deinen Leisten!

Tu nichts, wovon du nichts verstehst / was du nicht gelernt hast!
Rede nicht von Dingen, von denen du nichts weißt!

Noch schärfer ausgedrückt: Kümmere dich nicht um Dinge, die dich nichts angehen oder von denen du keine Ahnung hast!

Wir mögen es nicht, wenn jemand sich ein Urteil erlaubt, obwohl er keine Kompetenz dazu hat, und wir würden schon gar nicht einem Steinmetzbetrieb die Reparatur unseres Autos anvertrauen. Allerdings gibt es durchaus auch erfolgreiche Gegenbeispiele, vor allem in der Wirtschaft: Der Kaffeeröster, der inzwischen mehr Umsatz mit Konsumartikeln aller Art als mit Kaffeebohnen macht, oder der Drogeriemarkt, der auch Fahrräder und Autoreifen anbietet – sie alle sind bewusst nicht *bei ihrem Leisten geblieben*. Im Gegenteil: Sie haben ihre Kernkompetenzen absichtlich verlassen und verdienen damit sehr viel mehr Geld als vorher.

Der Leisten ist im Schuhmacherhandwerk eine Art Modellfuß – früher meistens aus Holz –, über den das Oberleder gezogen und auf dem der Schuh geformt wird, somit ein wichtiges Hilfsmittel in der Schuhmanufaktur.

Die Frage nach der Herkunft dieser Redewendung nun führt uns bis in die Antike zurück, nämlich zu einer Anekdote, die der römische Gelehrte Plinius (der Ältere) erzählt. Sie handelt von dem berühmten griechischen Maler Apelles, einem Zeitgenossen Alexanders des Großen, von dem zwar kein einziges Bild erhalten ist, dessen Kunst jedoch in vielen zeitgenössischen Schriften

Apelles und der Schuhmacher – Jacques-Albert Senave 1758

beschrieben und aufs Höchste gelobt wird. Dieser Apelles soll der Anekdote nach seine Bilder manchmal in der Öffentlichkeit aufgestellt und sich selbst in der Nähe versteckt haben, um zu hören, was die Betrachter dazu sagten. Einmal sei ein Schuster des Weges gekommen, heißt es bei Plinius, und habe seinem Begleiter gezeigt, dass ein Detail an den Schuhen der auf dem Gemälde dargestellten Person nicht richtig wiedergegeben sei. Apelles habe das dann korrigiert, doch als der Schuster anschließend auch noch an der Form der Beine und der Darstellung der Bekleidung etwas auszusetzen hatte, soll der Maler sinngemäß ausgerufen haben: „Was über dem Schuh ist, hat der Schuster nicht zu beurteilen!". Uralt ist also dieses Sprachbild und hat eine lange Entwicklung genommen bis zum Schuster, der *bei seinem Leisten bleiben* solle – zumindest, wenn man diese Entstehungsgeschichte akzeptiert.

Tun wir das getrost, denn eine schönere gibt es nicht.

Umgekehrt wird ein Schuh draus

Ursache und Wirkung verhalten sich genau umgekehrt zueinander. /

Das Gegenteil ist richtig.

Tut oder sagt jemand genau das Gegenteil von dem, was er tun oder sagen sollte, so ruft man ihm gern zu: „Umgekehrt wird ein Schuh draus!"

Schon wieder beschäftigt uns das Schuhmacherhandwerk, wenn wir auf die Suche nach der Herkunft dieser Redensart gehen. Bei der Herstellung der Schuhe war es früher üblich, die Nähte versteckt innen im Leder anzubringen. Dazu mussten die Rohschuhe in einem Arbeitsschritt von innen nach außen gewendet, also umgestülpt werden, um die Nähte „auf links" nähen zu können. Das war natürlich nur möglich, weil das Schuhleder damals sehr viel weicher und biegsamer war als heute bei Straßenschuhen üblich.

Seit der Mitte des 18. Jahrhunderts belegbar, ist daraus das heute noch gebräuchliche Umgekehrt wird ein Schuh draus entstanden. Allerdings verwendet viel früher schon Martin Luther (1483–1546) in einer seiner reformatorischen Schriften den umgestülpten Schuh als Bild für das Gegenteil dessen, was richtig wäre. Dort heißt es: „(Sie) kehren aber den Schuh um, und lehren uns das Gesetz nach dem Evangelio und den Zorn nach der Gnade."

Auf Schusters Rappen

zu Fuß

Und noch einmal stand das Schuhmacherhandwerk für ein beliebtes Sprachbild Pate – wie übrigens für viel zu viele Redewendungen, als dass wir sie uns hier alle ansehen könnten. Die Bedeutung ist in diesem Falle kurz und bündig: Wer *auf Schusters Rappen* unterwegs ist, der geht zu Fuß.

So einfach das ist, so vielfältig sind allerdings die Ansätze zur Herleitung der Redensart. Die einfachste Erklärung ist die, dass mit „Schusters Rappen" schlicht die (schwarzen) Schuhe gemeint sind, in denen jemand zu Fuß geht. Eine andere Deutung ist schon anspruchsvoller und bezieht sich auf den uralten Spott über einen Fußgänger, der damit *das Pferd der Apostel* reitet. Die Jünger nämlich besaßen eben keine Pferde, sondern mussten ihrer Wege zu Fuß in Sandalen ziehen. Da die Schuster meist zu den ärmsten unter den Handwerkern zählten (und selbstverständlich ebenfalls nicht beritten waren), ersetzten sie etwa in der Mitte des 17. Jahrhunderts redensartlich die Apostel. Der Begriff „Schusters Rappen" war geboren, und gemeint war damit ursprünglich, dass zu Fuß ging, wer auf solch imaginären Reittieren wie dem Pferd des Schusters unterwegs war. Im Italienischen gibt es über einen Fußgänger eine sinngleiche Redensart, nämlich *andare sul cavallo die San Francesco* (= auf dem Pferd des Heiligen Franziskus reisen). Hier hat sich die Anspielung auf die Armut der Mönche (in diesem Falle der Franziskaner) noch erhalten.

Letztlich sei noch daran erinnert, dass es in der ehemaligen DDR bis 1991 eine beliebte Fernsehsendung gab, die „Auf Schusters Rappen" hieß und in der verschiedene Landstriche, Bezirke, Orte und Landschaften – mit viel Lokalkolorit versehen und musikalisch untermalt – sozusagen für die Zuschauer „erwandert" wurden.

Etwas halten wie ein Dachdecker

*etwas machen, wie man will /
ganz nach Belieben verfahren*

Sagt man: „Das kannst du halten wie ein Dachdecker", stellt man jemandem sein Verhalten völlig frei, egal, worum es gerade geht. Die Redensart hat dieselbe Bedeutung wie *Nach eigenem Ermessen handeln* oder auch „Etwas machen, wie man will", auch wenn in der Dachdecker-Metapher noch zusätzlich eine gewisse Gleichgültigkeit mitschwingt. Wer sich so ausdrückt, macht klar, dass ihm ziemlich egal ist, wie sich jemand verhält oder welches Vorgehen er wählt.

Dass die Redensart, die im 19. Jahrhundert erstmals in der Umgangssprache auftaucht, aus dem Dachdeckerhandwerk kommt, ist natürlich klar, dennoch gibt es auch hier unterschiedliche Auslegungen zu ihrer Entstehung. Die einleuchtendste ist die, dass niemand, der unten vor einem Haus steht, genau erkennen kann, was die Dachdecker dort über ihm in luftiger Höhe eigentlich genau machen. Kaum ein Bauherr traute sich aufs Dach, um die Arbeit der Dachdecker zu kontrollieren. Man unterstellte ihnen also – ob zu Recht oder nicht, bleibt ungeklärt –, dass sie, unbeobachtet, wie sie meistens waren, ganz nach eigenem Gutdünken ihre Arbeit verrichtet hätten, und daraus sei die Redewendung entstanden.

Der Berufsorganisation des Dachdeckerhandwerks erscheint diese Auslegung aber offenbar ein wenig anrüchig, was den Dachdecker-Zentralverband dazu bewogen hat, eine andere Erklärung anzubieten – die nämlich, dass es im frühen Mittelalter noch keine Zünfte oder Gilden der Handwerker gegeben habe, es den Dachdeckermeistern mithin selbst überlassen blieb, sich den Vereinigungen anderer (Bau-) Handwerke anzuschließen, die dem des Dachdeckers nahestanden.

Jemandem aufs Dach steigen

jemanden beschimpfen/zurechtweisen/tadeln

Es ist schon deutlich mehr als nur eine Ermahnung, wenn man *jemandem aufs Dach steigt*. Die Redewendung steht für eine massive, heftige Zurechtweisung, mit der bereits erheblicher Druck ausgeübt wird. Die Phase von Freundlichkeit und Verbindlichkeit ist bereits vorbei, wenn man sich entschließt, *jemandem aufs Dach zu steigen*.

Nur scheinbar hat dieses Sprachbild, das uns bereits aus dem Mittelalter überliefert ist, mit dem Dachdeckerhandwerk zu tun, wie oftmals vermutet wird. Es lohnt sich dennoch, es sich hier einmal anzusehen. Es führt uns nämlich zurück in die Bräuche unserer frühen Vorfahren. Im Mittelalter galt als ehernes Gesetz, dass jedermann unter seinem eigenen Dach vor Übergriffen seiner Mitbürger geschützt war. Niemand durfte ohne Erlaubnis des Bewohners sein Haus betreten, auch Amtspersonen nicht. Hatte sich jemand jedoch etwas zuschulden kommen lassen, setzte man ihm eine Frist, in der er sich den Behörden zu stellen hatte. Verstrich diese Frist erfolglos, stieg man auf das Dach des Hauses, in dem der Delinquent sich aufhielt, riss es teilweise auf und deckte es ab. Auch offizielle Vollstrecker von Amtshandlungen gingen so vor. Sie durften erst ohne Aufforderung in ein Haus eindringen, in dem sich jemand versteckte, wenn das auch im rechtlichen Sinne schützende Dach zumindest teilweise abgedeckt war.

Der Grundsatz des „Schutzdaches", der ursprünglich die Menschen vor behördlicher Willkür bewahren sollte, wurde im Laufe der Jahrhunderte allerdings auch Bestandteil boshafter volkstümlicher Bräuche, die abseits des Rechtswesens stattfanden – der Begriff der Selbstjustiz wäre hier angebracht. Waren sich Dorfbewohner nämlich beispielsweise einig, dass einer der ihren einen unsittlichen Lebenswandel trieb, stiegen sie ihm des Nachts aufs Dach, deckten es ab und stellten ihn auf diese Weise vor der gesamten Gemeinschaft bloß.

Und schon haben wir die direkte Linie zu unserer heutigen Redewendung *Jemandem aufs Dach steigen* aufgedeckt.

Das Eisen schmieden, solange es heiß ist

die günstige Situation zum Handeln nutzen

Bietet sich eine günstige Gelegenheit, erfolgreich zu handeln, sollte man nicht zögern. Das meint dieses Sprachbild, von dem nicht belegt ist, seit wann es in der Umgangssprache Einzug genommen hat. Jedenfalls hört man die Redewendung bis heute noch oft.

Agricola Schmiede

Die Erklärung zur Herkunft fällt diesmal leicht, denn sie muss keine Umwege nehmen: Von der Antike über das Mittelalter bis in die Neuzeit war Eisen ein überaus wichtiges Material – für die Herstellung kleiner und großer Gegenstände des täglichen Bedarfs bis hin zum Bau gewaltiger Brücken und Türme. Jeder weiß, dass Eisen nur dann geschmiedet, also geformt werden kann, ohne zu brechen, wenn es glüht. In diesem Sinne ist die Redewendung selbsterklärend.

Jemanden in die Zange nehmen

jemanden unter Druck setzen / streng verhören / jemandem hart zusetzen

Unangenehm, von jemandem so richtig *in die Zange genommen* zu werden. Das empfindet der Verhaftete im Verhör bei der Kriminalpolizei ebenso wie der Sohn, der wegen eines Streiches von seinen Eltern zur Rechenschaft gezogen wird. Aber auch für ganz andere Situationen benutzen wir diese Redewendung. Im Fernsehen erklärt die Wetterfee, zwei ausgeprägte Tiefdruckgebiete hielten das Land *in der Zange*, und auch beim Militär wird ein Truppenteil *in die Zange genommen*, wenn mehrere feindliche Kräfte ihn aus verschiedenen Richtungen angreifen.

Wieder sind wir bei der Suche nach der Herkunft der Redensart beim Schmiedehandwerk gelandet. Die glühenden Werkstücke kann der Schmied natürlich nicht mit bloßen Händen aus dem Feuer der Esse holen und auf den Amboss legen oder sie anfassen, um sie zu bearbeiten. Dazu benutzt er eine Zange mit langen Griffen. Den kunstvollen Umgang mit diesem nicht gerade filigranen Arbeitsgerät sollte man einmal in einer der Schmieden, die es noch gibt, bewundern.

Nimmt man also umgangssprachlich jemanden oder etwas *in die Zange*, handelt es sich stets um eine „heiße Sache". Bei dieser Gelegenheit werfen wir noch einen Blick auf eine zweite, sehr ähnliche Redensart:

Jemanden/etwas nur mit der Zange anfassen (wollen)

jemanden/etwas meiden / verabscheuen / mit jemandem/ etwas nichts zu tun haben wollen

Ob es sich um einen uns besonders unsympathischen Menschen handelt, einen, der unsauber oder unehrlich ist, vielleicht gar ekelhafte Dinge getan hat, aber auch gegenüber einem bestimmten Tier (zum Beispiel einer fetten, haarigen Spinne) oder einer Sache (man denke an einen unangenehmen Bescheid des Finanzamts) – immer steckt tiefe Abneigung darin, wenn wir sagen, wir würden ihn oder es *nur mit der Zange anfassen* wollen.

Der Ursprung dieses prägnanten Sprachbildes ist natürlich wieder in der Werkstatt der Schmiede zu finden, genauer gesagt bei einem ihrer wichtigsten Arbeitsgeräte, der Zange. Sie ist sozusagen der verlängerte Arm des Schmieds. Nur mit ihr kann er die glühenden Werkstücke festhalten und bewegen, um sie zu bearbeiten und zu formen.

Mehrere Eisen im Feuer haben

mehrere Pläne/Mittel/Möglichkeiten zur Verfügung haben

Wer stets versucht, *mehrere Eisen im Feuer zu haben*, hat immer mehr als nur eine Chance, hat gut vorgesorgt oder geplant und kann flexibel auf das reagieren, was kommt. Ob einer seine Arbeit nicht unnötig lang unterbrechen muss, ob er nicht nur *auf ein Pferd setzt* (eine Redewendung aus der Welt der Pferdewetten), oder ob er sich einfach andere Chancen offenhält – stets handelt derjenige vorausschauend, der darauf achtet, umgangssprachlich *mehrere Eisen im Feuer* zu haben.

Noch einmal landen wir bei der Suche nach dem Ursprung der Redensart – wegen ihrer Verständlichkeit kaum unerwartet – beim Schmiedehandwerk. Ein Schmied, der alle Werkstücke, die er zu bearbeiten hat, immer nacheinander in die Esse legt, verschwendet seine Zeit. Vielmehr wird er immer schon die Eisen, die er als nächste schmieden will, ins Feuer legen, um sie heiß und damit bereit zur Bearbeitung zu machen.

Es gibt jedoch auch eine andere Deutung zur Herkunft dieses Sprachbildes, die uns in die Haushalte früherer Zeiten führt, genauer gesagt in die Zeit vor Einführung des elektrischen Stroms. Damals benutzte man zum Bügeln schwere gusseiserne Geräte. Diese alten Bügeleisen wurden auf dem heißen Ofen erwärmt, bevor sie zum Einsatz kommen konnten. Klug und vorausplanend die Hausfrau, die *mehrere Eisen im Feuer*, also nicht nur ein Bügeleisen in Gebrauch hatte, wenn viel Bügelwäsche zu bewältigen war.

Wie aus einem Guss

ebenmäßig / vollkommen / gleichmäßig

Der Giesser

Was durch und durch gelungen ist, perfekt gestaltet und schön anzuschauen, das ist umgangssprachlich *wie aus einem Guss*. Auch für eine erstklassige geistige Arbeit benutzen wir dieses Sprachbild gern.

Der „Guss" führt uns in die Metallverarbeitung, genauer gesagt in die Gießereien und zu den dort tätigen Handwerkern, die nicht selten Künstler waren und bis heute sind. Heute ist die Technik sehr viel weiter fortgeschritten, aber wenn es früher darum ging, größere Metallgegenstände herzustellen – oder gar Kunstwerke wie Statuen –, reichte eine Gussform oft nicht aus. Es wurden also verschiedene Teile einzeln gegossen und nach dem Aushärten miteinander verlötet oder verschweißt. Geschah dies nicht kunstvoll und mit höchster Präzision, sah man anschließend die Nähte. Nur wenn das Stück am Ende *wie aus einem Guss* aussah, hatten die Kunsthandwerker perfekte Arbeit geleistet. Der Sinn dieses Begriffes als höchstes Lob für ein gelungenes Werk erklärt sich so von selbst.

Wie angegossen sitzen/passen

genau/sehr gut passen

Ob ein Kleid, das sich wie von selbst an den wohlgeformten Körper anschmiegt, ob ein sportliches Auto, das wie gemacht für seinen neuen Besitzer wirkt, ob ein Bauteil, das sich wie von selbst haargenau in eine Maschine einfügt – immer sprechen wir in solchen Fällen davon, etwas *passe wie angegossen*.

Die Redensart kommt wiederum aus dem Gießereihandwerk. Nur geschmeidiges, auf die richtige Temperatur erhitztes Metall passt sich in die Gießform richtig ein, füllt alle Verzweigungen bis in die letzte Ecke aus und garantiert so nach Auskühlen und Erstarren in der Form ein tadelloses Endprodukt. Mit dem Sprachbild, das im 18. Jahrhundert in die Umgangssprache kam, wird diese Idealform von Passgenauigkeit vom Handwerk auf alle möglichen anderen Bereiche übertragen und besonders für perfekt sitzende Beklei-dung gern verwendet.

Im Trüben fischen

unübersichtliche Verhältnisse ausnutzen /
auf gut Glück sein Ziel anstreben

In fast allen europäischen Sprachen findet sich dieses starke Sprachbild. In der Version *Im trüben Wasser ist gut fischen* gehört es zu den häufigsten Metaphern überhaupt.

Die Bedeutung, man versuche seinen Vorteil aus einer undurchsichtigen Situation (die man möglicherweise sogar vorher selbst herbeigeführt hat, beispielsweise, indem man Verwirrung gestiftet hat) zu ziehen, hat die Redewendung *Im Trüben fischen* schon sehr lange. Sie stammt nämlich vom lateinischen *in turbido piscari* her, was

Fischerkähne im Kurischen Haff

übersetzt exakt dasselbe heißt. Das ist auch der Grund dafür, dass wir im Zusammenhang mit dem Handwerk überhaupt darüber sprechen. Schon die Fischer des Altertums nämlich wussten, dass man Fische – besonders Aale – im trüben Wasser besser fängt. Folgerichtig wirbelten sie Schlamm und Sand vom Gewässerboden auf, bevor sie ihre Netze ausbrachten. Jeder Krabbenfischer an der Nordseeküste weiß, dass er die kleinen Garnelen ebenfalls nur dann in großen Mengen fangen kann, wenn er seine Netze durch trübes Wasser zieht. Also wundert es nicht, dass schon im 16. Jahrhundert die Redewendung *Im Trüben fischen* Einzug in die Alltagssprache genommen hat.

Anders verhält es sich mit einer weiteren Bedeutung. Sie ist erst in neuerer Zeit hinzugekommen und löst derzeit die frühere ganz allmählich ab. Umgangssprachlich *im Trüben fischt* inzwischen nämlich auch derjenige, der sich auf unbekanntes Terrain vorwagt, der sozusagen auf gut Glück versucht, ans Ziel zu kommen.

Das schlägt dem Fass den Boden aus

Das ist unerhört/eine Unverschämtheit.

Ist jemand zum Äußersten über eine Frechheit, ein Fehlverhalten, eine unglaubliche Handlungsweise erregt, ruft er empört aus: „Das schlägt doch dem Fass den Boden aus!"

und meint damit, nun sei eine Sache endgültig auf die Spitze getrieben.

Diese Redewendung führt uns hinein in gleich zwei Handwerke, das der Bierbrauer und das der Küfer. Das Erstere blüht noch genauso wie vor Hunderten von Jahren, allerdings geht heutzutage kaum ein Brauer mehr mit Holzfässern um. Die modernen Bierfässer bestehen fast nur noch aus Metall. Anders war das bis vor

Der Küfer aus Was willst du werden, 1880

ein paar Jahrzehnten: Alle Fässer waren aus Holz gefertigt. Das Handwerk der Küfer, das diese Arbeit verrichtete, ist mit den Holzfässern zwar fast ausgestorben, hat uns jedoch auch schöne Metaphern zurückgelassen, siehe Seite 70: *Außer Rand und Band.*

Verschiedene Deutungen zur Herleitung der Redensart gibt es, und alle beziehen sich auf Holzfässer und deren besondere Eigenschaften. Hatte man zum Beispiel ein Fass zu hoch mit frisch gebrautem Bier befüllt, konnte es passieren, dass sich der Inhalt bei falscher Lagerung erwärmte und so stark ausdehnte, dass das Fass platzte. Das geschah nicht dort, wo die Metallreifen es zusammenhielten, sondern am Boden. Ebenso konnte es geschehen, dass dem Küfer schon beim Einschlagen der Fassreifen der Boden des Fasses heraussprang.

Ein anderer Erklärungsansatz findet sich im Bayerischen Reinheitsgebot von 1516. Die Einhaltung dieses Gebotes wurde streng überprüft. Wurde ein Brauer dabei ertappt, etwas anderes als Gerste, Hopfen und Wasser für sein Bier zu verwenden, schlug man seinen Fässern den Boden aus, so dass das Bier herausfloss und unbrauchbar wurde.

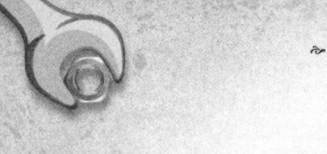

Noch anders lautet eine Deutung, die auf betrügerische Brauer oder Bierhändler abhebt: Versuchte jemand, verdorbenes Bier, das zum Beispiel schon „umgekippt", mithin sauer geworden war (siehe: *Anbieten wie sauer Bier*, Seite 114), zu verkaufen, schlugen die Vertreter der Marktaufsicht den betroffenen Fässern mit einem schweren Hammer den Boden aus. Diese Maßnahme ist zum Beispiel aus dem 14. Jahrhundert in der Stadt Nürnberg belegt.

Jemandem ins Handwerk pfuschen

sich ungebeten/inkompetent einmischen

Ins Handwerk pfuschen bedeutet heute umgangssprachlich, dass jemand sich in etwas einmischt, das ihn nicht nur nichts angeht, sondern von dem er auch nichts versteht. Als ausgesprochen lästig werden die Leute betrachtet, die eine fachgerechte Arbeit dadurch zunichte machen, dass sie sich ungebeten und ohne hinreichende Fachkenntnis daran beteiligen.

Der „Pfusch" ist ein uralter Begriff aus dem Handwerk, den wir schon im Mittelalter finden. Auch in diesem Zusammenhang spielen die alten Zünfte und ihre ehernen Gesetze eine bedeutende Rolle. Handwerker, die sich den Regularien der Zunftoberen entzogen und ihre Tätigkeit abseits derselben – sozusagen inoffiziell – verrichteten (heute könnte man von einer Art früher Schwarzarbeit sprechen), wurden „Pfuscher" genannt. Sie *pfuschten* also *in das* ordentliche *Handwerk*. Wurde man auf sie aufmerksam, erwartete sie eine strenge Bestrafung.

Später, belegt etwa seit dem 16. Jahrhundert, wurde der „Pfusch" zum allgemeinen Begriff für jegliche mangelhafte Arbeit, für Inkompetenz und Stümperhaftigkeit.

Da sind Hopfen und Malz verloren

*Nichts geht mehr. / Alle Mühe ist vergeblich. /
Da ist nichts mehr zu retten.*

*Denn oft ist Malz und Hopfen
an so viel armen Tropfen,
so viel verkehrten Toren,
und alle Müh verloren,*

dichtet schon Goethe. Ja, sind einmal umgangssprachlich *Hopfen und Malz verloren*, besteht keine Hoffnung mehr. Jegliche *weitere Liebesmüh*, wie es auch manchmal heißt, *ist dann vergeblich.* Das Sprachbild wird sowohl auf Personen als auch auf Sachen oder Vorgänge angewendet.

Diese Redensart ist etwa Mitte des 16. Jahrhunderts in die Alltagssprache eingegangen. Mit ihr sind wir wieder beim altehrwürdigen Brauerhandwerk gelandet. Hopfen und Malz waren und sind bis heute die wertvollsten und gänzlich unverzichtbaren Grundstoffe für die Bierherstellung. Macht der Braumeister einen Fehler bei der Arbeit, misslingt der Gärprozess oder geht sonst etwas schief – wird beispielsweise die Maische zu hoch erhitzt –, ist alles verdorben. Meist müssen große Mengen an unbrauchbarer Flüssigkeit abgelassen werden. Vor allem aber die teuren Zutaten, *Hopfen und Malz* nämlich, sind dann unwiederbringlich *verloren.*

Jemandem das Handwerk legen

verbotene (unerwünschte/kriminelle) Handlungen unterbinden

Oft hören wir, dass jemandem *das Handwerk gelegt* werden müsse, egal, ob es sich um Steuerhinterzieher im großen Stil, um Immobilienspekulanten oder um organisierte Diebesbanden handelt. Immer geht es in dieser Redensart darum, irgendeine unsoziale, verbotene oder gar verbrecherische Handlung zu beenden.

Die Redewendung ist schriftlich erst seit dem 17. Jahrhundert in der Umgangssprache belegt, stammt aber ihrem Ursprung nach bereits aus viel früherer Zeit. In den Zunftordnungen der Handwerker im Mittelalter gab es nämlich eine Reihe sehr strenger Vorschriften und Verhaltensmaßregeln, über deren Einhaltung eisern gewacht wurde. Wer gegen

diese Vorschriften verstieß – sei es in der Ausübung seines Handwerks oder auch durch einen unschicklichen Lebenswandel –, bekam es sofort mit den Zunftoberen zu tun. Im schlimmsten Falle hatten diese das Recht und auch die Macht, jemanden zur Niederlegung seines Handwerks zu zwingen, also zur Aufgabe seiner Berufstätigkeit als Handwerksmeister in eigenem Betrieb. Diesen Vorgang, den wir heute als „Berufsverbot" kennen, nannte man damals *das Handwerk legen*.

Schneiderhandwerk um 1568

Blaumachen

schwänzen / eigenmächtig fernbleiben

Herzog Georg von Sachsen von Lucas Cranach dem Älteren – 1472 bis 1553

Wer die Schule schwänzt, wer nicht zum Dienst erscheint, wer überhaupt die Arbeit ohne triftigen Grund verweigert, der *macht* umgangssprachlich *blau*.

Wieder einmal eine Redensart, für deren Entstehung viele unterschiedliche Erklärungen existieren – einige davon recht abenteuerlich. Nehmen wir uns drei davon vor:

Der „Blaue Montag", ein arbeitsfreier Tag – oder zumindest einer, an dem nur mit halber Kraft gearbeitet wurde –, war im Mittelalter guter Brauch in Handwerksbetrieben. Kein Knecht, kein Geselle wollte auf ihn verzichten, und so kümmerte sich zunächst auch kaum jemand um alle Versuche, diesen bequemen Tag abzuschaffen. Bekannt ist zum Beispiel der Befehl des Herzogs Georg (der Bärtige) von Sachsen aus dem Jahr 1520, nach dem niemandem mehr „ein Feiertag in der Woche verlohnt" werden durfte. Heute kennt man den freien Montag fast nur noch im Friseurhandwerk. Aus dem „Blauen Montag" könnte das *Blaumachen* entstanden sein.

Eine andere Hypothese sieht im Rotwelsch, der uralten Bettler-, Hausierer- und Gaunersprache, den Ursprung der Redewendung. Dort gibt es das Wort „lau" – entstanden aus dem jiddischen *belo*, das heißt „ohne" –, das so viel wie „kostenlos" bedeutet. Noch heute kennen wir ja das für lau („für umsonst") in der platten Umgangsspra-

Eine Färbewerkstatt aus dem 15. Jhd.

che. Das „lau" könnte sich im Sinne von „Nichtstun" über die Jahrhunderte zu „blau" gewandelt haben.

Ebenfalls nicht belegt, aber durchaus amüsant ist die Erklärung, die Redensart stamme aus dem Färberhandwerk. Die Farbe Indigoblau wurde nämlich früher auf ungewöhnliche Weise gewonnen. Die Blätter des Färberwaid, einer Pflanze aus der Familie der Kreuzblütengewächse, die schon früh „Indigo" genannt wurde, wurden in einem großen Kessel mit menschlichem Urin vergoren. Um diesen zu gewinnen, betranken sich die Färber angeblich heftig, was bei aller gesteigerten Urinproduktion auf die Arbeitsmoral eher weniger positive Auswirkungen gehabt haben dürfte. Andererseits werden die braven Färber sich dann auch weniger an der Geruchsentwicklung durch ihre Arbeit gestört haben. Die Tuche, die man in diesem Sud eingeweicht hatte, wurden nämlich später an der Luft getrocknet, wodurch sie erst in einem Oxydationsprozess die blaue Farbe annahmen. Dieser letzte Arbeitsschritt soll angeblich meistens an einem Montag stattgefunden haben. Übrigens könnte, folgt man diesem Erklärungsansatz, auch der schon erwähnte Begriff vom „Blauen Montag" so entstanden sein. Und sogar die Redensart, jemand, der betrunken ist, sei *blau*, könnte ihren Ursprung bei den Färbern und ihrem bemerkenswerten Handwerk gehabt haben.

 # Es ist noch kein Meister vom Himmel gefallen

Ohne zu lernen und zu üben, erlangt niemand Perfektion.

Nemo nascitur artifex, lautet ein lateinisches Sprichwort, also *Niemand wird als Meister geboren*. Der Meister als Inbegriff eines Könners auf seinem Gebiet stand für viele Redensarten Pate. Wir kennen zum Beispiel *Übung macht den Meister* ebenso wie *Früh übt sich, wer ein Meister werden will*. Häufig nutzen wir dieses Sprachbild, um jemanden zu trösten, einen jungen Menschen vielleicht, der schier dran verzweifelt, das Geigenspielen zu erlernen, oder einen Lehrling, dem seine Arbeit an einem Werkstück einfach nicht gelingen will.

Viel deutet darauf hin, dass man die Redewendung bereits im Mittelalter verwendet hat. Irgendwelcher geheimnisvollen Herleitungen bedarf es hier nicht. *Es ist noch kein Meister vom Himmel gefallen* war und ist absolut selbsterklärend und erfreut sich nicht zuletzt deswegen bis heute großer Beliebtheit.

Plattner oder Harnischmacher in den Nürnberger Hausbüchern um 1535

Die (ganze) Innung blamieren

einer Organisation / einer Gruppe
Schande machen

Die St. Bernulphus Innung um 1900 mit ihrem Gründer
Gerald van Heukelum, o.r.

Wer die Innung blamiert, bringt angeblich eine bestimmte Gruppe, manchmal einen ganzen Berufstand in Verruf. Das kann dadurch erfolgen, dass der so Gescholtene schlechte Arbeit abgeliefert hat, aber auch durch unangemessenes oder gar falsches Verhalten kann man *die ganze Innung blamieren*.

Die Innung war und ist ein Zusammenschluss von Handwerkern. Noch heute ist dieser Begriff gängig. Wir kennen ihn in fast allen Sparten des Handwerks. Selbst in der „Innungskrankenkasse" hat sich das Wort erhalten. Allerdings hat das Sprachbild von dem, der *die ganze Innung blamiert*, keine allzu lange Geschichte. Es ist vielmehr eine scherzhafte Erfindung des 20. Jahrhunderts. Man griff dabei auf die Innung als Synonym für einen ganzen Berufsstand zurück, um die Fehlleistung oder das falsche Verhalten eines Menschen besonders anschaulich rügen zu können.

Satire über den Fehlschlag des Berufsverbandes der Chirurgen von Thomas Paine, 1798

Fast untergegangen, aber unvergessen

Von alten Zünften,
großem Können und kleinen Bosheiten

Herlwin beim Bau seiner ersten Kirche

In den Sack hauen

nicht mehr mitmachen / aufgeben / kündigen / verschwinden

„Wenn ich keinen höheren Stundenlohn bekomme, hau ich in den Sack!", sagt jemand, der nicht bereit ist, sich mit seinem bisher gezahlten Arbeitsentgelt zufrieden zu geben. Nicht selten ist diese Redensart Ausdruck von Wut oder zumindest Verärgerung, und die damit ausgedrückte Kündigungsabsicht soll besonders entschlossen klingen.

Wenn es um die Herleitung dieses Sprachbildes geht, wird gern auf den Leinensack verwiesen, in dem die Maurer früher ihr Werkzeug zur Arbeitsstelle transportierten. Stellten sie ihre Arbeit ein, *hauten* sie ihre Geräte also *in den Sack* und verschwanden von der Baustelle. Allerdings trugen auch die Angehörigen vieler anderer Handwerkszweige ihre Werkzeuge und Hilfsmittel in solchen Säcken mit sich herum. Zudem gibt es eine Deutung, die Redensart stamme möglicherweise aus der Gaunersprache. Diebe nämlich verstauten ihre Beute in Säcken. Sie *hauten* also nach dem Raubzug alles *in den Sack* und machten sich davon.

Weg vom Fenster sein

nicht mehr dabei/gefragt/angesagt sein / chancenlos/pleite/tot sein

Weg vom Fenster ist umgangssprachlich sowohl der Schlagersänger, dessen Beliebtheit so tief gesunken ist, dass niemand ihn mehr hören will, als auch jemand, den der Tod ereilt hat. Immer ist etwas äußerst Unangenehmes gemeint, wenn wir heute diese Redewendung in den Mund nehmen – was übrigens erst Mitte des 20. Jahrhunderts üblich wurde.

Wieder einmal lässt sich die Herkunft dieses Sprachbildes nicht einwandfrei klären. Eine Deutung sieht das „Fenster" im Zusammenhang mit der (noch heute in

Königshäusern verbreiteten) Sitte von Potentaten aller Art, also nicht nur von sogenannten adligen oder klerikalen Herrschern, sondern auch von gewählten politischen Machthabern, sich dem Volke huldvoll zu präsentieren. Meistens geschieht dies auf Balkonen oder eben an einem Fenster. (Die Rufe „Willy Brandt ans Fenster!" beim Besuch des damaligen Bundeskanzlers der Bundesrepublik Deutschland in der DDR-Stadt Erfurt 1970 sind in diesem Zusammenhang legendär.) Und wer abgewählt, abgesetzt, zurückgetreten oder gestorben ist, kann sich dem Volke eben nicht mehr als Mächtiger präsentieren, steht nicht mehr im Rampenlicht und ist folglich *weg vom Fenster*.

Nun stünde die Redensart nicht in diesem Buch, gäbe es nicht auch einen Herkunftsbezug zum Handwerk. In diesem Falle ist es das des Bergbaus. Noch heute ist dies ein harter, gefährlicher Beruf, unter den unmenschlichen Arbeitsbedingungen früherer Zeiten jedoch hatten Bergleute (auch Kumpel genannt) ein meist kurzes Leben. Von der Staublunge gezeichnet, saßen die arbeitsunfähig gewordenen Alten an den Fenstern in den kleinen Häuschen der typischen Bergmannssiedlungen und beobachteten die Kumpel, die zur Zeche gingen, um in den Berg einzufahren. Und denen fiel sofort auf, wenn einer der Alten plötzlich *weg vom Fenster*, mithin krank oder sogar tot war.

Kurz sei noch angefügt, dass es eine weitere Erklärung zum Ursprung dieses Sprachbildes gibt, die aber seltener zu finden ist. Danach soll es aus Kriegszeiten stammen. Wenn feindliche Truppen durch die Straßen zogen, war es natürlich nicht sinnvoll, sich am Fenster zu zeigen. Wer dies dennoch tat, wurde womöglich zum Ziel eines Schusses und war damit *weg vom Fenster*.

„Die verschiedenen Arten der Fahrung"

In die Mangel nehmen /
Durch die Mangel drehen

bedrängen / heftig unter Druck setzen / hart zusetzen / bedrohen

Unangenehm ist es in jedem Fall, wenn man – warum und wofür auch immer – *in die Mangel genommen* oder auch durch dieselbe gedreht wird. Es gibt mehrere Redewendungen in unserer Umgangssprache mit der gleichen oder zumindest einer ähnlichen Bedeutung. (Siehe auch: *Jemanden in die Zange nehmen*, Seite 23)

Mangeln sind Geräte, mit denen man Feuchtigkeit aus Tüchern herauspresst. Ob es sich dabei um kleine Haushaltsgeräte mit Drehkurbeln gehandelt hat, die im Zeitalter der elektrischen Wäschetrockner fast ausgestorben sind, oder um riesige Maschinen in professionellen Heißmangelbetrieben – stets drehen sich bei diesen Geräten zwei schwere Walzen eng gegen-

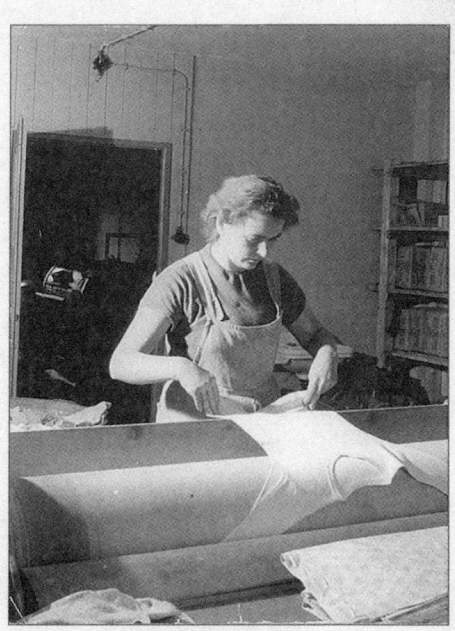

Professionelle Heißmangel (1956)

einander und pressen das Wasser aus dem Tuch heraus, das *durch die Mangel gedreht* wird. Ein überaus griffiges und einleuchtendes Sprachbild also. Niemand mag sich ernsthaft vorstellen, tatsächlich anstelle von Bettwäsche zwischen solchen Walzen durchgedreht zu werden. Von diesem peinigenden Bild bis zur Übernahme der Redensart für den schmerzhaften Prozess, zu viel Druck – durchaus auch psychischem – ausgesetzt zu sein, war der Weg nicht allzu weit.

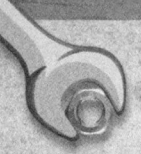

Sein Fett wegbekommen (abkriegen/abbekommen)

(verdient) bestraft werden / eine Revanche bekommen

Meistens mit einem ironischen Unterton wird diese Metapher heutzutage immer dann verwendet, wenn jemand die unangenehme Quittung für sein Fehlverhalten oder gar seine verdiente Strafe erhält.

Die Redensart geht wahrscheinlich zurück auf die früher überall üblichen Hausschlachtungen und hat somit eine Verbindung zum – je nach Sprachregion – Schlachter-, Fleischer- oder Metzgerhandwerk. Der Schlachter nämlich kam damals ins Haus, um vor Ort ein Schwein zu schlachten, das die Familie oder auch einige Nachbarn gemeinsam zu diesem Zweck aufgezogen und gemästet hatten. Danach wurde das Fleisch gerecht aufgeteilt, natürlich auch das reichlich anfallende, allerdings weniger begehrte Fett. Doch niemand durfte darauf hoffen, zu Gunsten einer größeren Fleischportion davon weniger zu bekommen. Jeder *bekam sein Fett ab*.

Ein Schuss in den Ofen

ein (grandioser) Misserfolg/Fehlschlag /
Etwas geht nach hinten los.

Geht etwas gründlich daneben, beschreibt man diesen Misserfolg umgangssprachlich gern spöttisch mit dem Sprachbild vom *Schuss in den Ofen*. Oft spielt dabei auch Schadenfreude eine Rolle.

Erst vor ziemlich kurzer Zeit – etwa zur Mitte des 20. Jahrhunderts – hat diese Redewendung Einzug in die Alltagssprache genommen. Sie bezieht sich auf das Bäcker-

Bäckereischule (1917)

handwerk, genauer gesagt auf den Arbeitsgang des „Einschießens" von Teiglingen in den Ofen. Dazu benutzt der Bäcker einen sogenannten Schießer, ein flaches Holzbrett an einem langen Stiel. Durch eine geschickte Bewegung rutschen die Laibe, die gebacken werden sollen, an ihren richtigen Platz im glühend heißen Backofen, der Bäcker kann den „Schießer" herausziehen und die Ofenklappe schließen. Gelingt dieser Vorgang nicht, fallen die Teiglinge also bereits vorher vom Brett, stößt der Bäcker einen leeren „Schießer" ins Rohr. Das war dann *ein Schuss in den Ofen* – und zwar einer ohne Backwerk, mithin ein sinnloser.

Es existieren jedoch noch weitere Deutungen zur Herkunft des Sprachbildes. Eine davon ist ebenfalls im Handwerksbereich verortet, nämlich bei den Gießern, die aus unterschiedlichem geschmolzenem Metall in Formen Gegenstände oder

Die vier Jahreszeiten – Herbst, Pieter Brueghel (der Jüngere)

gar Skulpturen herstellen. Gelingt ein solcher Guss nicht, entsteht Ausschuss – in den Gießereien „Schuss" genannt. Er ist wertlos, muss aussortiert und erneut eingeschmolzen werden.

Schließlich könnte es sein, dass das Bild vom *Schuss in den Ofen*, bei dem nur Staub aufgewirbelt wird, statt Wirkung zu erzielen, auch nur die fantasievolle Beschreibung eines Fehlschusses mit dem Gewehr ist. Wer *einen Schuss in den Ofen* abgibt, schießt daneben.

Alles über einen Leisten schlagen

keinen Unterschied machen

Alamannische Schuhleisten aus dem frühmittelalterlichen Gräberfeld von Oberflacht

Keine Unterschiede machen, auf wichtige Details oder individuelle Voraussetzungen und Bedürfnisse keine Rücksicht nehmen und alles nach *Schema F* (übrigens auch eine schöne Redewendung, allerdings aus der Welt des Militärs kommend) abhandeln – das meinen wir heute, wenn wir dieses Sprachbild benutzen.

Es stammt aus der Handwerksstube der Schuster. Der Leisten ist eine Art Modellfuß (in den Zeiten der Entstehung dieser Redewendung, dem 16. Jahrhundert, meistens aus Holz, später auch aus Metall und heute oft aus Kunststoff), über den der Schuster das Leder zieht, um es zu bearbeiten. Nur der Schuhmacher, der viele verschiedene Leisten in seiner Werkstatt hatte, um allen Fußgrößen und -formen in seiner Arbeit gerecht werden zu können, konnte also gute Schuhe anfertigen, die passten und bequem waren. In früheren Zeiten kam es jedoch vor, dass arme Schuster nur wenige Leisten in ein paar Standardgrößen besaßen. Von den Schuhen, die so entstanden, sagte man dann, der Schuster habe sie alle *über einen Leisten geschlagen*.

Viele Vertreter des anspruchsvollen Schuhmacherhandwerks gibt es zwar nicht mehr – solche, die qualitativ erstklassiges individuelles Schuhwerk anfertigen können, sogar noch weniger. Allein im hochpreisigen Segment ist das Können dieses uralten Handwerks noch gefragt. Die allermeisten Schuhe werden heute – oft in Billiglohnländern – vorwiegend maschinell hergestellt. Zu teuer ist diese schwierige und zeitraubende Handwerkskunst geworden, um in der Produktion von Massenware für die Konsumgesellschaft noch eine Rolle spielen zu können. Dennoch hat sich die starke Metapher von dem, der alles *über einen Leisten schlägt*, bis in unsere Tage gehalten.

Sein Fähnlein nach dem Wind drehen / Sein Mäntelchen nach dem Wind hängen

sich opportunistisch verhalten

Wir mögen sie nicht, die Menschen, die keine eigene Meinung haben oder ihren Standpunkt nicht klar vertreten, sondern stets anderen *nach dem Munde reden* (auch ein schönes Sprachbild). Insbesondere, wenn jemand seine Meinung ständig ändert, um sie allzu eilfertig stets der Mehrheitsmeinung oder, schlimmer noch, der seines

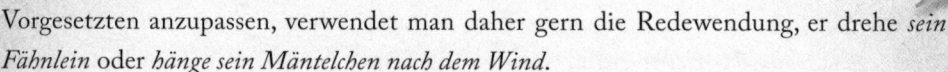

Vorgesetzten anzupassen, verwendet man daher gern die Redewendung, er drehe *sein Fähnlein* oder *hänge sein Mäntelchen nach dem Wind*.

Auch dies ist eine alte Metapher, die bereits anfangs des 16. Jahrhunderts Eingang in die Alltagssprache gefunden hat. Zwei schlüssige Herkunftserklärungen bieten sich dafür an. Die erste bezieht sich auf die Wetterfahne auf hohen Gebäuden, vor allem auf Kirchtürmen, die stets nach dem vorherrschenden Wind ausweht. So wie diese Fähnchen verhält sich im übertragenen Sinne auch derjenige, dem man nachsagt, er *drehe sein Fähnlein nach dem Winde*.

Die zweite Deutung hingegen führt uns in ein fast vergessenes Handwerk zurück – und deswegen widmen wir uns ihr auch hier: das der Müller in den vielen Windmühlen früherer Zeiten, von denen sich noch viele weitere Redewendungen ableiten lassen. Um die größtmögliche Wirkung zu erzielen, stellte der Müller nämlich das Windrad seiner Mühle immer in den Wind. Die Mühlenflügel wurden dadurch optimal angetrieben und hielten so das Mahlwerk im Inneren der Mühle in Betrieb.

Mit dem Klammerbeutel gepudert sein

verrückt/durchgedreht sein

Mit dem Klammerbeutel gepudert seien wohl diejenigen, meinte Björn Engholm 1992, die seine sofortige Zustimmung zu der ihm von seiner Partei angetragenen Kanzlerkandidatur erwarteten. Damit drückte der SPD-Politiker in der ihm eigenen drastischen Weise aus, wie unerwartet dieses Angebot angeblich für ihn gewesen wäre und wie total durchgedreht die Genossen seien, die auf sein sofortiges Abnicken gehofft hatten.

Dieses recht deftige Sprachbild stammt wahrscheinlich ebenfalls aus dem Müllerhandwerk – zumindest sagt das die Herleitung, die am ehesten einleuchtet. Im Mehlkasten einer Kornmühle gibt es nämlich einen großen, mit Klammern befestigten Leinenbeutel, der während des Mahlvorgangs mechanisch hin und her bewegt (gerüttelt) wird, um die Kleie vom Mehl zu trennen. Dies ist der sogenannte Klammerbeutel. Öffnet der Müller den Mahlkasten während des Mahlens, fliegt das Mehl heraus und stäubt ihn ein. Der Müller wird also im wahren Wortsinn *mit dem Klammerbeutel gepudert*. In schlimmen Fällen kann es dabei sogar zu einer Staubexplosion kommen.

Klammerbeutel, hier an der Schürze angebracht

Eine weitere, allerdings längst nicht so plausible Erklärung zum Ursprung der Redensart mag auch der Klammerbeutel im Haushalt bieten, ein Säckchen für Wäscheklammern, das die Hausfrau auf die Leine hängt, um jederzeit hineingreifen und Klammern zum Wäscheaufhängen herausholen zu können. Schlug man früher jemandem solch einen mit (hölzernen) Wäscheklammern gefüllten Beutel um die Ohren, soll das scherzhaft geheißen haben, man habe jemanden *mit dem Kammerbeutel gepudert*. Nun ja ...

Einer Sache die Krone aufsetzen

einem unverschämten Verhalten eine weitere Dreistigkeit hinzufügen

Richtfest um 1950

„Erst hat er mir mein Auto geklaut, und dann hat er es auch noch zu Schrott gefahren! Das setzt dem Ganzen ja wohl die Krone auf!" Nicht selten benutzen wir dieses Sprachbild, wenn wir vor Empörung über ein unverzeihliches Verhalten schier platzen könnten. Wird einer Sache umgangssprachlich die Krone aufgesetzt, ist stets die Verschlimmerung einer sowieso schon als unerträglich empfundenen Situation eingetreten – oder droht einzutreten.

Jedes Haus erlebt im Laufe seiner Entstehung das sogenannte Richtfest. Es wird groß gefeiert, wenn die Zimmerleute den Dachstuhl fertiggebaut haben – noch bevor die Dachdecker mit ihrer Arbeit beginnen. Zu jedem zünftigen Richtfest gehört der Richtkranz, den man auch Richtkrone nennt. Dieser meist mit vielen fröhlich-bunten Bändern geschmückte Kranz wird unter den Dachfirst gehängt – mithin an die höchste Stelle des Rohbaus. Ein feierlicher Augenblick, begleitet von Sprüchen der Handwerker und traditionell reichlich geistigen Getränken für alle.

Dieser Richtkranz stand Pate für die Redewendung, es werde *einer Sache die Krone aufgesetzt*. Leicht erkennbar, dass hier viel Ironie im Spiel ist, ein eigentlich feierlicher, erfreulicher Vorgang umgangssprachlich also umgedeutet wurde.

Einen Dachschaden haben

*spinnen / nicht ganz normal sein /
nicht ganz bei Verstand sein*

Nicht geisteskrank, nicht unbedingt behandlungsbedürftig, aber doch ein bisschen verrückt scheint uns der zu sein, von dem wir umgangssprachlich behaupten, er habe *einen Dachschaden*. Hunderte anderer solcher Sprachbilder für Mitmenschen haben wir, deren Verhalten oder Meinungen wir nicht recht nachvollziehen können. Sie sind *nicht ganz klar im Oberstübchen*, haben angeblich einen *Riss in der Schüssel, nicht alle Tassen im Schrank* und so weiter.

Bei dem hier gemeinten Dachschaden kann allerdings der Dachdecker auch nicht helfen. Das „Dach" steht in dieser Metapher schlicht für den Kopf. Wie der oberste Teil des menschlichen Körpers (zudem der, in dem das Gehirn sitzt) der Kopf ist, so ist das Dach der oberste Teil eines Gebäudes. Und wenn mit dem Dach etwas nicht in Ordnung ist, dann ist die Unversehrtheit des gesamten Hauses gefährdet.

Jemandem schwimmen die Felle weg

Etwas entgleitet der Kontrolle. / Die Hoffnung zerrinnt.

Etwa aus dem 13. Jahrhundert stammt diese Redewendung, ist mithin uralt. Wem sprichwörtlich *die Felle weg- oder davonschwimmen*, der ist übel dran. All seine Mühe war umsonst – er steht mit leeren Händen da und muss jede Hoffnung fahren lassen.

Das Handwerk, aus dem diese Metapher stammt, ist ebenso alt wie die Redensart selbst. Heute nennt man seine Angehörigen Gerber oder Kürschner, jedoch haben die Techniken und vor allem die Arbeitsbedingungen dieser Leute kaum noch

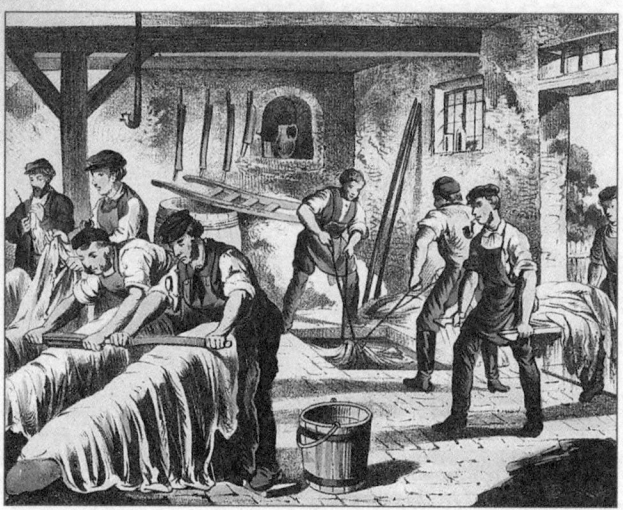

Der Lohgerber um 1880

etwas mit dem unglaublich harten Beruf des Lohgerbers früherer Zeiten gemein, der unweigerlich zu schweren Krankheiten und zu einem frühen Tod führte.

Lohgerber verarbeiteten vor allem Rinderhäute und fertigten daraus das begehrte strapazierfähige Leder für Schuhsohlen, Sättel und vieles andere. Ohne hier die Arbeitsabläufe in diesem Handwerk genauer beschreiben zu wollen, sei nur gesagt, dass seine Ausübung mit einer heute kaum vorstellbaren Geruchsbelästigung einherging. Deswegen mussten sich die Gerber meistens vor der Stadt ansiedeln, um die Bürger nicht allzu sehr mit dem wahrhaft infernalischen Gestank ihres Handwerks zu belästigen. Da ein wichtiger Arbeitsschritt im stundenlangen Wässern und Ausspülen der gegerbten Häute bestand, was starke Verunreinigungen und sogar Vergiftungen des Wassers verursachte, lag es auf der Hand, dass die Lohgerber niemals an den Zu-, sondern stets an den Abflüssen der Gewässer außerhalb der Siedlungen ihre Arbeit verrichteten. Wenn sie dabei nicht aufpassten, konnte es passieren, dass die Strömung des Flusses ihre wertvollen, oftmals monate- oder gar jahrelang vorbearbeiteten Tierhäute mitriss und diese den Bach hinuntergingen (auch eine Redensart). Im wahren Wortsinn also *schwammen ihnen die Felle weg.*

Sein blaues Wunder erleben

eine böse Überraschung erfahren

Wer vor Jahren zum Zwecke der Altersvorsorge eine Lebensversicherung abgeschlossen hat, dem wurden satte Überschussanteile versprochen. Doch in Zeiten anhaltender Niedrigzinsen erlebt man nun beim Blick auf die stetig schrumpfende Summe der prognostizierten Kapitalauszahlung sein blaues Wunder. Immer, wenn wir von einer Sache oder einem Ereignis unangenehm überrascht werden, erleben wir umgangssprachlich unser *blaues Wunder*.

Sehr alt ist diese Redensart – schon seit dem 16. Jahrhundert schriftlich belegt. Sie stammt wohl aus dem Färberhandwerk. Als man über die chemischen Prozesse der Oxydation noch wenig wusste, kam es immer wieder vor, dass Tuche, die zunächst in einer ganz anderen Farbe eingefärbt waren, unter dem Einfluss von Sauerstoff blau wurden, wenn sie zum Trocknen aufgehängt wurden. Die Färber erlebten also tatsächlich ihr *blaues Wunder*.

Der Färber von Jost Amman, 1568

Eine andere Deutung zum Ursprung dieses Sprachbildes ist die, dass Bergleute in Sachsen plötzlich *ein blaues Wunder* erlebten, als sie in den Schneeberger Gruben im frühen 16. Jahrhundert unerwartet auf das sehr seltene chemische Element Kobalt stießen. Dieses ferromagnetische Metall hat bekanntlich eine blau-metallisch schimmernde Struktur, nach der auch die Farbe Kobaltblau benannt wurde.

Jemanden über den Löffel barbieren/balbieren

jemanden betrügen/übervorteilen/ausnehmen

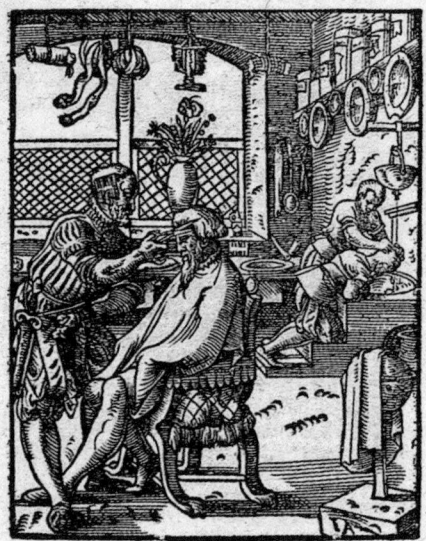

Der Barbier von Georg Rab, 1568

Wird jemand umgangssprachlich *über den Löffel barbiert* (oder, mit dem alten Wort, *balbiert*), merkt er in der Regel zu spät, dass man ihn – auch eine Redensart – *übers Ohr gehauen* hat. Dann schaut er meist *dumm aus der Wäsche*. Letzteres stammt übrigens aus dem Militär. Man sieht an diesem Beispiel, wie intensiv wir Redewendungen einsetzen können, um plastische Sprachbilder zu zeichnen. Gerade die deutsche Sprache ist voll von ihnen, was es für Ausländer nicht gerade leichter macht, immer zu verstehen, was wir meinen.

Über den Löffel barbieren stammt aus dem Handwerk der Friseure, zu deren Kunst früher ganz selbstverständlich ebenso das Rasieren gehörte. Daher auch die ehemalige Berufsbezeichnung „Barbier". Heutzutage rasieren sich die Männer bei uns fast immer zu Hause vor dem Spiegel selbst. Nur in einigen Ländern der Levante gib es sie noch, die traditionellen Barbiere. In all den Jahren, in denen ich die gastfreundlichen Türken in ihrem wunderbaren Land besucht habe, war es mir stets ein großes Vergnügen, mich in einer der vielen kleinen Friseurstuben nach allen Regeln dieser alten Kunst rasieren zu lassen. Ein Genuss – mit einer eigenen Rasur nicht zu vergleichen.

Ach ja, der „Löffel" in dieser Redensart muss noch erklärt werden, denn er ist ja das wesentliche Element ihres Ursprungs: Hatten es die Barbiere früher mit alten Kunden zu tun, deren Gesichtsfalten eine Rasur schwierig gestaltete, halfen sie sich damit, dem Mann auf jeder Seite einen Löffel in den Mund zu schieben. Die Löffel wurden so positioniert, dass ihre Wölbung die schlaffen, faltigen Wangen nach außen drückte und glättete. So wurde ein allzu blutiger Ausgang der Prozedur meistens vermieden, allerdings war das für den Kunden nicht nur unangenehm, sondern er war damit auch nicht mehr in der Lage, sich zu artikulieren – im übertragenen Sinne also dem Barbier wehrlos ausgeliefert.

Alles über einen Kamm scheren

nicht differenzieren / Unterschiede missachten

Wer unterschiedslos alle und alles gleich betrachtet oder behandelt, sich also nicht die Mühe macht, genauer hinzusehen, sondern stattdessen lieber verallgemeinert, der *schert* umgangssprachlich *alles über einen Kamm.*

Für die Herleitung der vorherigen Redewendung haben wir uns bereits in die Stuben des frühen Friseurhandwerks begeben, und dort sind wir auch jetzt richtig – allerdings nur für einen der möglichen Erklärungsansätze. Wie es Schuster gegeben haben soll, die *alles über einen Leisten schlugen,* so sollen auch manche notleidenden Barbiere nur einen einzigen Kamm für ihr Handwerk verwendet haben. Beim damaligen Stand der Körperhygiene und in Anbetracht der auf vielen Köpfen lebenden parasitären Mitbewohner muss das eine äußerst unappetitliche Angelegenheit gewesen sein.

Eine andere Deutung sieht die Schafschur als möglichen Ursprung des Sprachbildes. Die geschorene Wolle wird in einem weiteren Arbeitsgang nämlich durch Kämme gezogen, deren Zähne unterschiedlich breite Lücken haben. So wird die grobe von der feinen Wolle getrennt. Die Qualität von Wolle, die samt und sonders durch ein und denselben Kamm gezogen wurde, ist dementsprechend schlecht.

Damit nicht genug: Eine weitere Erklärung bietet sich an, und zwar eine aus uralter Zeit. Die alten Germanen pflegten verurteilten Verbrechern den Kopf zu scheren, um sie zu entehren und vor jedermann bloßzustellen. Doch häufig kam es vor, dass Menschen, die aus ganz anderen Gründen das Haar ungewöhnlich kurz trugen, ebenfalls für Verurteilte gehalten und entsprechend behandelt wurden. Ein „Geschorener" wurde immer scheel angesehen. Im Bayerischen gibt es noch heute das Schimpfwort „G´scherter".

Scheren der Schafböcke, Tom Roberts 1856–1931

In dieselbe Kerbe hauen

*zustimmen / dieselbe Meinung vertreten /
jemanden bei seinem Vorhaben unterstützen*

Pflichtet man jemandem ausdrücklich bei, sei es in dem, was er sagt, oder in dem, was er tut, haut man sprichwörtlich in dieselbe Kerbe.

Die Redensart stammt von den Holzfällern ab, die früher – noch vor der segensreichen Erfindung der Motorkettensäge – auch die dicksten Stämme der Bäume mit Äxten bearbeiten mussten, um sie zu fällen. Dass dies am besten gelang, wenn alle immer wieder in dieselbe Kerbe hauten, liegt auf der Hand.

Zwischen Baum und Borke stecken

*sich in einem unlösbaren Konflikt befinden /
zwischen unvereinbaren Alternativen entscheiden müssen*

Einerseits möchte jemand eine glänzende Karriere machen und bis in die Vorstandsetage aufrücken, andererseits ist zu befürchten, dass dabei Ehe und Familie vernachlässigt werden. Man befindet sich immer in einer ernsthaften Zwickmühle (ein gern für ein Dilemma gebrauchtes Synonym aus dem Brettspiel Mühle), wenn man *zwischen Baum und Borke steckt.*

Auch diese Redensart (wieder einmal eine eingängige Paarformel, die locker über die Lippen geht – sicher auch ein Grund für ihre Beliebtheit) stammt von den Holzfällern ab, und zwar aus der Zeit, als diese schwere Arbeit noch vornehmlich mit der Axt geleistet wurde. Bei der Bearbeitung von Holzstämmen konnte es geschehen, dass die scharfe geschmiedete Schneide der Axt sich so fest zwischen dem Holz und der

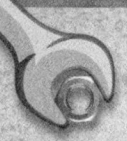

Rinde des Stammes verkeilte, dass sie kaum noch wieder herauszuziehen war. Oft war dazu die Hilfe von Kollegen erforderlich.

Steckt heute umgangssprachlich jemand zwischen Baum und Borke, bedarf es ebenfalls erheblicher Anstrengungen, um den Konflikt aufzulösen.

Auf dem Holzweg sein

den falschen Weg einschlagen / sich irren/verirren

Immer wenn jemand sich total verrannt hat, auch im übertragenen Sinn einen falschen, nicht zielführenden Weg einschlägt, sich also schlicht irrt, sagt man von ihm gern, er sei *auf dem Holzweg.*

Noch einmal landen wir bei der Frage nach der Herkunft dieses Sprachbildes sprichwörtlich im Wald, genauer: bei den Holzfällern. Diese schlugen Schneisen durch die Wälder und legten Wege an, um das geschlagene Holz abtransportieren zu können. Das geschah früher mit sogenannten Rückepferden, die die Stämme mittels eines „Rückegeschirrs" hinter sich herzogen. Heute besinnt man sich in der Waldwirtschaft übrigens wieder auf diese umweltschonende Methode, da Pferde den Waldboden weit weniger schädigen als schwere Fahrzeuge.

Die Holzwege, früher auch Rückewege genannt (und heute als Forstwege bezeichnet), verbanden in der Regel nur bestimmte Stellen miteinander, führten aber selten auf kurzer Strecke aus dem Wald heraus. Viele von ihnen waren genau das, was wir heute als Sackgasse bezeichnen. Wer als Wanderer auf einen solchen Wirtschaftsweg geriet, verirrte sich oft nur noch tiefer im Wald, statt aus ihm herauszukommen. Schon seit dem 13. Jahrhundert wurde daher der „Holzweg" als Metapher für einen Irrweg in die Umgangssprache übernommen.

Frieren wie ein Schneider

sehr/bitterlich frieren

„Ich friere wie ein Schneider", sagt man, wenn einem wirklich kalt ist.

Die Redewendung hat, wie unschwer zu erkennen ist, ihren Ursprung im alten Handwerk der Schneider. Doch wieso sollen gerade die Angehörigen dieses Handwerks so besonders oft und heftig gefroren haben, dass ihr ganzer Berufsstand zum Inbegriff menschlicher Unterkühlung wurde? Nun, ein Blick in die Schneiderwerkstatt vergangener Zeiten und auf die Arbeitsbedingungen in diesem Handwerk hilft uns da auf die Sprünge.

Arme Leute waren sie, die früheren Schneider, und ihr Berufsstand war nicht sonderlich an-

Schneider mit Schere, Nadel, Garn und Dorn

gesehen. Den ganzen Tag saßen sie in ihrer muffigen Stube in der Ecke – nicht selten auf einem Tisch – und nähten. Kaum jemals kamen sie vor die Tür, galten daher als verweichlicht und anfällig für Krankheiten. Da ihre Arbeit nur schlecht entlohnt wurde, fehlte den Schneidern oft das Geld für Brennstoffe, um ihre Häuser zu heizen. Sie froren also nicht selten ganz erbärmlich.

Die oftmals kleinen, schmächtigen und überwiegend armen Schneider standen auch noch für andere Redensarten Pate: Jeder, der Skat spielt, kennt den „Schneider". So werden Spieler bezeichnet, die mit 30 oder weniger „Augen" aus einem Spiel hervorgegangen sind. Die sprichwörtliche Armut der Schneider lässt auch hier grüßen.

Das oft gehörte *Herein, wenn's kein Schneider ist* hat mit dem Schneiderhandwerk allerdings eher nichts zu tun. In seiner Ursprungsform fand sich nämlich wahrscheinlich das Wort „Schnitter" in diesem Sprachbild. Ruft man heute *Herein, wenn's kein Schneider ist* jemandem zu, der an die Tür klopft, hofft man mithin eigentlich, dass nicht bereits der Sensenmann draußen steht.

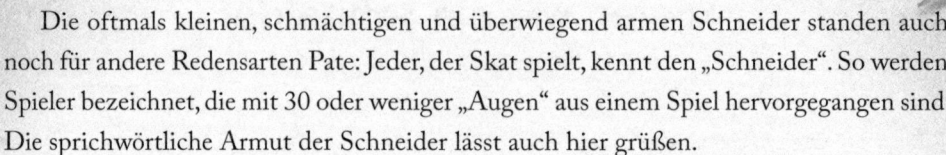

Auf Kante genäht sein

knapp bemessen sein / keine Reserven haben

Wenn der Wirtschaftsplan eines Unternehmens finanziell *auf Kante genäht* ist, bleibt kein Spielraum mehr für unvorhergesehene Ausgaben. Dasselbe sagt man von jemandem, dessen Budget so schmal ist, dass er ständig „klamm" ist. Aber auch ein Zeitplan kann umgangssprachlich *auf Kante genäht* sein, wenn er keinerlei Spielraum für Verspätungen lässt.

Noch einmal sind wir mit dieser Redewendung beim Schneiderhandwerk gelandet. Wird – meistens, um Stoff und somit Geld zu sparen – ein Kleidungsstück, beispielsweise eine Jacke oder eine Hose, ohne Überlappung „Kante an Kante" vernäht, kann der Stoff später bei Änderungsbedarf nicht weiter „ausgelassen" werden. Die einzelnen Stoffteile stoßen dann direkt aneinander, und Reserven für Verlängerung oder Erweiterung stehen nicht mehr zur Verfügung.

Etwas an den Nagel hängen

eine Sache/Arbeit aufgeben/beenden

Wer etwas *an den Nagel hängt*, befreit sich sprichwörtlich von einer – meist lang andauernden - Phase seines Lebens. Geht zum Beispiel ein Mensch in Rente, *hängt* er seinen Job *an den Nagel*.

Auch diese Redensart, die wir schon seit dem 15. Jahrhundert kennen, stammt geradewegs aus dem Schneiderhandwerk und ist sehr einfach herzuleiten. Schneider hängten Kleidungsstücke, die sie fertiggestellt hatten, an lange Nägel. Da die Zahlungsmoral der Kundschaft oft kläglich war, hingen meist alle Wände der Schneiderwerkstatt voller abzuholender Ware.

Nach Strich und Faden

gründlich / vollständig / konsequent

„Er hat mich nach Strich und Faden betrogen", ruft das verzweifelte Opfer eines Betrügers aus und meint damit, dass es jemandem vollständig auf den Leim gegangen ist. (Übrigens auch ein schönes Sprachbild, allerdings von den Leimruten der Vogelfänger stammend). Auch die Ehefrau könnte sich mit diesem Sprachbild beklagen und erklären, ihr Mann habe sie *nach Strich und Faden betrogen*.

„Strich" und „Faden" stammen aus der Sprache des Weberhandwerks. „Strich" steht für die Faserrichtung, also das Webmuster eines Tuches, und „Faden" für die durchgängige Struktur (das Fehlen von sogenanntem Fadenbruch) des Gewebes. Der Meister führte also eine Prüfung der gewebten Stoffe *nach Strich und Faden* – will sagen: gründlich und vollständig – durch, um die Qualität der Arbeit festzustellen.

In der heutigen Redewendung, die im 19. Jahrhundert in der Umgangssprache auftaucht, werden die beiden Begriffe zwar überwiegend im negativen Sinne miteinander verbunden, jedoch bedeuteten sie, wie wir sehen, im Ursprung nichts anderes, als dass etwas nach allen Regeln der Kunst gemacht (hergestellt) wurde, waren also eine Qualitätsaussage.

Da beißt die Maus keinen Faden ab

Daran ist nichts zu ändern. / Dagegen ist nichts zu machen.

„Wenn wir unseren Umsatz nicht steigern, müssen wir den Laden in einem halben Jahr schließen – da beißt die Maus keinen Faden ab", teilt der Chef seinen Leuten mit. Immer, wenn etwas scheinbar unabänderlich feststeht – ob positiv oder negativ – *beißt die Maus* umgangssprachlich *keinen Faden ab*. Auch daran nicht, dass Kirsten die beste Ehefrau von allen ist.

Viele Deutungen zur Herkunft der beliebten Redewendung, die schon seit dem 17. Jahrhundert belegt ist, gibt es. Die erste führt uns – und deswegen besprechen wir sie hier auch – noch einmal zum Handwerk der Schneider. Angeblich haben diese ihren Kunden stets versichert, selbst die wertvollsten Stoffe seien bei ihnen gut aufgehoben, denn davon „beiße keine Maus einen Faden ab", was wohl für die besondere Reinlichkeit und eine erfolgreiche Schädlingsbekämpfung in der Schneiderstube sprechen sollte.

Gern wird bei der Suche nach dem Ursprung des Sprachbildes auch die Fabel „Der Löwe und das Mäuschen" des altgriechischen Dichters Aesop genannt. Sie handelt davon, dass der mächtige Löwe sich trotz all seiner Kraft nicht aus einem Netz befreien kann, in welches er geraten ist, und die winzige Maus ihn schließlich dadurch aus seiner misslichen Lage rettet, dass sie die Fäden des Netzes zerbeißt.

Auch die Heilige Getrud von Nivelle könnte für diese Redensart Patin gestanden haben. Der Legende nach gab es zu ihrer Zeit eine so gewaltige Mäuseplage, dass die Nagetiere in Scharen in die Häuser eindrangen und sogar die Wollfäden auf den Spinnrädern zerbissen. Gertrud konnte dann angeblich allein durch ihre frommen Gebete dieser Plage ein Ende bereiten.

Schließlich sei noch erwähnt, dass wertvolle Nahrungsmittel wie Würste und Speck früher an Fäden unter die Decke der Speisekammern gehängt wurden, damit sie für Mäuse unerreichbar waren. So konnte keine Maus einen Faden abbeißen. Auch das könnte durchaus eine weitere Möglichkeit für die Entstehung der Redensart sein.

In der Wolle gefärbt

echt / unverfälscht / treu / durch und durch

Ein *in der Wolle gefärbter* Optimist ist jemand, der stets überzeugt ist, alles werde sich zum Guten wenden, egal, was kommt. Fest und unverbrüchlich in seiner Meinung steht einer treu und zuverlässig zu seiner Sache, wenn er ihr *in der Wolle gefärbter* Anhänger ist.

Schon 1517 ist dieser Ausdruck in einer Schrift des Predigers Geiler von Kaysersberg belegt. Als Redewendung fand er jedoch erst deutlich später, etwa im ersten Drittel des 19. Jahrhunderts, Eingang in die Umgangssprache.

In der Wolle gefärbt geht zurück auf gleich zwei Handwerke, das der Färber und das der Weber. Diese wussten, dass es einen großen Unterschied macht, ob man die Wolle vor ihrer Verarbeitung bereits färbt, oder das erst mit dem fertig gewebten Stoff tut. Was nämlich schon „in der Wolle gefärbt" ist, hält seine Farbfrische viel länger als ein nachträglich eingefärbtes Tuch. Auf den Märkten wurde von Tuchhändlern gern auf das besondere Qualitätsmerkmal ihrer Ware hingewiesen, dass sie nämlich „in der Wolle

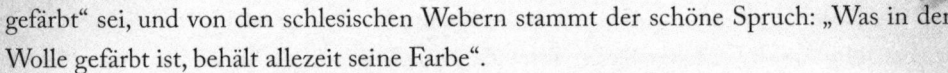
gefärbt" sei, und von den schlesischen Webern stammt der schöne Spruch: „Was in der Wolle gefärbt ist, behält allezeit seine Farbe".

Den Faden verlieren

nicht mehr weiterwissen / vergessen, was man sagen wollte / den gedanklichen Zusammenhang verlieren

Der Weber von Jost Amman, 1568

Jeder kennt das, hat schon einmal die unangenehme Erfahrung gemacht, mitten in der Ausführung zu einem Gedankengang *den Faden zu verlieren*. Plötzlich weiß man nicht mehr, was man sagen wollte. Besonders Rednern mit einem Hang zu überlangen, komplizierten Sätzen – vor allem, wenn sie mit viel Emotion vorgetragen werden – passiert das recht häufig. Ein legendäres Beispiel dafür ist der frühere deutsche Politiker Herbert Wehner (1906–1990), der dafür bekannt war, am Ende seiner verschachtelten (und meistens mit großer Heftigkeit vorgetragenen) Sätze oft selbst nicht mehr gewusst zu haben, wie und mit welchem Ziel er diese begonnen hatte.

Wie so häufig, gibt es auch für dieses eingängige Sprachbild nicht nur eine Deutung zu seiner Herkunft. Die wahrscheinlichste ist die, dass es aus dem Handwerk stammt, dem der Weber nämlich. Verloren diese bei der Verarbeitung der Wolle zu Stoff einmal den Faden, bedeutete das erheblichen Zeitverlust, bis er wieder aufgenommen werden konnte, um die Arbeit fortsetzen zu können.

Doch es existiert noch eine weitere Version zum Ursprung der Redensart. Sie führt uns tief in die griechische Mythologie, genauer gesagt zum sagenhaften Minotaurus, einem stierköpfigen Ungeheuer auf Kreta. Der dortige König Minos versuchte, alle Freier von seiner schönen Tochter Ariadne fernzuhalten, auch Theseus, in den sie sich verliebt hatte. Er befahl dem jungen Mann, in ein finsteres Labyrinth hinabzusteigen und den dort hausenden Minotaurus zu töten, bevor er sich Ariadne nähern durfte. Kein Bewerber um die Hand der Königstochter hatte diese Prüfung bisher überlebt. Entweder das Vieh hatte sie getötet, oder sie hatten sich im Labyrinth verirrt und waren dort qualvoll zugrunde gegangen. Ariadne aber gab dem Geliebten ein rotes Wollknäuel (das also *in der Wolle gefärbt* war, siehe die vorher besprochene Redensart) auf den Weg mit, von dem Theseus den Faden abrollte und so nach seinem Kampf mit dem Minotaurus wieder aus dem Irrgarten herausfand.

Sie wird dem jungen Mann sicher eingeschärft haben, auf keinen Fall *den Faden zu verlieren*.

Oberwasser bekommen

einen Vorteil erlangen / die Führung übernehmen

„Nach einer schwachen Vorstellung in der ersten Hälfte bekam unsere Mannschaft in der zweiten Halbzeit langsam Oberwasser", berichtet ein Fußballfreund seinem Kollegen. Gemeint ist mit dieser Redewendung stets, dass nach anfänglicher Unterlegenheit schließlich doch die Führung und damit der eigene Vorteil erlangt werden kann.

Auch dieses Sprachbild hat seinen Ursprung im Handwerk – in diesem Falle in dem der Müller. Mühlen wurden ja keineswegs nur vom Wind angetrieben, sondern es gab auch viele Wassermühlen. Einige davon sind heute noch erhalten und präsentieren sich ihren Besuchern – meistens liebevoll restauriert – als lauschige Plätze an besonders romantischen Orten im Lande.

Fällt das Wasser eines Baches von oben auf das Mühlrad einer Wassermühle, treibt es somit von oben an, spricht man vom „Oberwasser". Beim „Unterwasser" hängt das Mühlrad in einen fließenden Wasserlauf hinein, der die Schaufeln antreibt. Der zusätzliche Wasserdruck, der durch das Herabstürzen des ‚Oberwassers auf die Schaufeln erzielt wird, bewirkt eine höhere Mahlleistung der Mühlsteine als beim Antrieb durch „Unterwasser". Somit ist es vorteilhaft, *Oberwasser zu bekommen.*

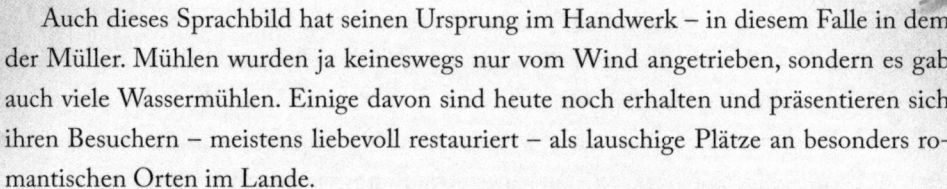

Das ist Wasser auf seine Mühle

Das kommt ihm gelegen.

Erfährt jemand Unterstützung, ohne dass dies beabsichtigt ist, verschafft man ihm somit ungewollt einen Vorteil, dann bedeutet dies für ihn *Wasser auf seine Mühle.*

Auch diese Redensart ist in der Sprache des Müllerhandwerks zu verorten, das darüber hinaus für viele weitere Metaphern Pate gestanden hat. Wassermühlen waren natürlich immer auf einen Fluss, einen Bach oder ein anderes schnell fließendes Gewässer (beispielsweise einen zum Mühlrad geleiteten Kanal) angewiesen. „Wasser auf seine Mühle" brauchte also jeder Wassermüller am dringendsten. Besonders in Zeiten anhaltender Trockenheit stand jedoch nicht immer genügend Wasser für alle Müller zur Verfügung. Wir wissen aus alten Schriften, dass die amtlich geregelten Zuteilungen bestimmter Wassermengen oftmals ein empfindlicher Streitgrund waren und so etwas wie Wasserdiebstahl

Windmühle bei Dötlingen, Georg Müller vom Siel 1865–1939

durchaus nicht selten vorkam. Dabei leitete ein Müller irgendwo oberhalb der Mühle seines Konkurrenten einfach das Wasser so um, dass wenigstens er selbst noch *Wasser auf seine Mühle* bekam. Daraus ist dann auch die Redewendung *Jemandem das Wasser abgraben* entstanden.

Abkupfern

abschreiben / fälschen / ein Plagiat begehen

Wer etwas *abkupfert*, stellt eine Kopie her, im Sinne dieser Redensart jedoch meistens in der Absicht, zu betrügen. Das *Abkupfern* hat einen negativen Beigeschmack, steht für unerlaubte Reproduktionen. Heute entwickelt sich gerade ein neuer Begriff

mit demselben Sinn, das *Guttenbergeln*. Es geht auf den ehemaligen deutschen Verteidigungsminister Karl-Theodor zu Guttenberg zurück, der zurücktreten musste, weil ihm nachgewiesen wurde, seine Dissertation in weiten Teilen gefälscht, nämlich *abgekupfert* zu haben.

Das Handwerk der Kupferstecher stand Pate bei diesem Begriff. Vor allem im 17. und im 18. Jahrhundert gab es viele Kupferstecher, deren Aufgabe darin bestand, Gemälde und andere bildliche Vorlagen in Kupfer zu stechen (mithin „abzukupfern"), damit sie auf diese Weise gedruckt werden konnten. Allerdings muss man wissen, dass die Drucke von diesen geritzten Kupferplatten dann seitenverkehrt waren. Dem Ruf der Kupferstecher abträglich war es, dass einige von ihnen später, nachdem Papiergeld aufkam, ihre Fertigkeiten dazu nutzten, sich als Geldfälscher zu betätigen.

Außer Rand und Band

übermütig / außer Kontrolle

Umgangssprachlich *außer Rand und Band* ist jemand geraten, der sich vor lauter Übermut nicht mehr beruhigen kann. Leute *außer Rand und Band* verhalten sich unkontrollierbar.

Der fast völlig ausgestorbene Handwerksberuf der Küfer (auch Fassmacher, Böttcher, Schäffler, Büttner oder Fassbinder genannt) stand für diese Redewendung Pate. Fässer wurden über Jahrhunderte nur aus gebogenen Holzbrettern, den sogenannten Dauben gefertigt. Oben und unten gab es einen hölzernen „Rand", der die Bretter in der Form zusammenhielt und stabilisierte. Zusätzlich hielten eiserne Ringe (je nach Größe des Fasses auch mehrere) außen um das Fass herum die Dauben zusammen. Der Küfer nannte diese flachen Metallringe „Bänder". Barst nun, aus welchen Gründen auch immer, ein Fass, geriet es sprichwörtlich *außer Rand und Band*, fiel also auseinander, und der Inhalt floss heraus. Von diesem Schaden bis zu der eingängigen Paarformel *Außer Rand und Band* in der Umgangssprache, die als Synonym für totalen Kontrollverlust steht, führt ein leicht nachvollziehbarer Weg.

Klappern gehört zum Handwerk

Selbstdarstellung gehört zum Geschäft. /
Durch (laute/aufdringliche) Werbung macht man
auf sich (und seine Ware) aufmerksam.

Gäbe es diese schöne Redewendung nicht – man müsste sie glatt erfinden, denn sie passt wunderbar als Bindeglied zwischen den beiden Hauptteilen dieses Buches, zum Übergang nämlich von Sprachbildern aus dem Handwerk zu solchen des Handels.

Klappern gehört zum Handwerk ist letztlich die redensartliche Legitimation der gesamten Werbebranche. Nur wer möglichst originell und unüberhörbar auf sein Angebot aufmerksam macht, wird einen guten Verkaufserfolg erzielen.

Das Sprachbild ist im Mittelalter entstanden. Handwerker aller Zünfte zogen damals mit Holzklappern (ähnlich den nervtötenden Geräten, mit denen heutzutage die Schlachtenbummler auf Sportveranstaltungen ihre Begeisterung kundtun) übers Land und machten so auf sich und ihre Dienste aufmerksam. Aber auch die Händler bedienten sich solcher Lärminstrumente, um auf den Märkten die Aufmerksamkeit des Publikums auf ihre Waren zu lenken.

Womit wir bei den Redewendungen aus der Welt des Handels, des Kaufens und Verkaufens angelangt sind.

Handel und Wandel

Kaufen und Verkaufen

Von frühen Märkten, drückenden Schulden
und sonderbaren Sitten

Illustration einer Frau bei Buttererzeugung

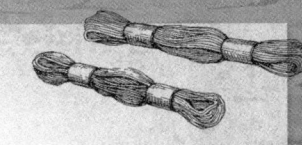

Alles in Butter!

Alles in Ordnung!

Benutzt heute jemand dieses Sprachbild, hat er keineswegs das schmackhafte tierische Fett im Sinn, sondern will damit sagen, man müsse sich keine Sorgen machen. Alles ist nämlich in bester Ordnung, wenn es sprichwörtlich *in Butter* ist.

Wie so oft, müssen wir auch bei dieser noch immer in aller Munde geführten Redewendung an verschiedenen Stellen graben, um ihre Ursprünge zu ergründen. Dabei stößt man immer wieder auf eine hübsche Geschichte, die aus dem alten Venedig stammt. Angeblich haben seinerzeit die venezianischen Kaufleute wertvolle Gläser, die sie verkauft hatten und die nun entweder per

Transport von Butterfässern

Schiff oder mit Pferdefuhrwerken in alle Welt transportiert werden mussten, in Butter verpackt. Die Kisten, in denen sich die Ware befand, wurden möglicherweise mit warmer, also flüssiger Butter ausgegossen, die dann erstarrte und auf diese Weise die kostbare Fracht vor Erschütterungen schützte, damit sie nicht zerbrach. Für die so verpackten Gläser galt dann im wahren Wortsinn: *Alles in Butter*. Leider aber – und das ist keine Seltenheit bei solch eingängigen Erklärungen – gibt es keinerlei belastbare Belege für diese Herkunft der Redewendung, etwa durch Bilder oder durch irgendeine zeitgenössische schriftliche Erwähnung.

Anders verhält es sich da mit all den Erklärungen, die auf den besonderen Wert der Butter abheben. Sie dürften denn auch der wahre Ursprung dieses beliebten Sprachbildes sein. Schon immer war Butter nämlich ein hochwertiges Lebensmittel und seit dem Mittelalter zudem eine bedeutende Handelsware. Nach der Industriellen Revolution war

sie für die Arbeiterfamilien in den Ballungszentren sogar der Inbegriff von Luxus – und meistens unerschwinglich. Ende des 19. Jahrhunderts wurde die viel billigere, industriell hergestellte Margarine zum Streichfett der armen Leute. Auch beim Militär ersetzte sie das teure Naturprodukt. Aus dieser Zeit stammen viele noch heute gebräuchliche Qualitätsbekundungen und Begriffe wie die „gute Butter". Vor allem in Restaurants warb man damit, dass mit „guter Butter" gekocht werde. Aus dem Berlin der damaligen Zeit sind Speisekarten bekannt, auf denen zu lesen stand, hier werde „alles in Butter" zubereitet.

In der Kreide stehen

Schulden haben

Beim Tanz im Wirtshaus, Franz Völkl (1848 – 1886)

Jeder, der einen Kredit bei der Bank aufgenommen hat, *steht* umgangssprachlich bei ihr *in der Kreide*, hat also Schulden abzutragen. Diese Redewendung für jede Art von (fast immer finanziellen) Verpflichtungen ist noch heute überaus verbreitet, obwohl sie bereits sehr alt ist. Schon in der Mitte des 15. Jahrhunderts taucht sie in alten Schriften auf.

Die Herleitung ist in diesem Fall einfach und eindeutig: Früher notierte man in Wirtshäusern den Verzehr der Gäste mit Kreide auf Schiefertafeln, aber auch Händler führten auf diese Weise über die Schulden ihrer Kunden Buch.

Hier stoßen wir gleich auf eine andere noch heute beliebte Metapher, *das Ankreiden*, das heute im Sinne von Zur Last legen gebraucht wird. Auch dabei handelt es sich, was die Entstehung betrifft, um nichts anderes als jene Kreidestriche auf der Tafel, mit denen die Schulden festgehalten wurden.

Diese mit den jeweiligen Namen versehenen Tafeln, ob nun beim Krämer oder beim Wirt, hingen meistens für jedermann sichtbar an der Wand. Für die Schuldner war das nicht immer angenehm, und das war natürlich beabsichtigt. So wuchs der Druck vor allem auf die allzu säumigen Zahler, ihre Schulden zu begleichen.

Ein Bergbeamter registriert die angelieferte Erzmenge mittels Kerbholz

Etwas auf dem Kerbholz haben

sich etwas zuschulden kommen lassen

Gern sagt man umgangssprachlich von einem, der eine unerlaubte Handlung begangen oder Schulden angesammelt hat, er habe *etwas auf dem Kerbholz*.

Dieses Sprachbild ist eng mit dem vorherigen verwandt. Nicht allein mit Kreideeintragungen auf Schiefertafeln fand nämlich in alten Zeiten das statt, was man heute Buchführung nennt, sondern es wurden dazu auch die sogenannten Kerbhölzer oder Kerbstöcke genutzt. Als Vorläufer schriftlicher Quittungen war diese frühe Version von Schuld- und

*Kerbhölzer (Alpbeilen, Krapfentesseln, Beitesseln, Schaftesseln) aus
den Schweizer Alpen, 18. bis frühes 20. Jhdt.*

Lieferscheinen bis ins 19. Jahrhundert (in der Vieh- und Milchwirtschaft abgelegener Alpentäler sogar noch bis in die erste Hälfte des 20. Jahrhunderts) ein verbreitetes Hilfsmittel, um erbrachte Leistungen, abgewickelte Verkäufe oder an die Obrigkeit zu erbringende Abgaben nachzuweisen. Menschen, auch wenn sie des Lesens und Schreibens nicht mächtig waren, konnten ihre Geschäfte auf diese Weise dokumentieren und jederzeit

nachvollziehen. Aber auch vor Gericht waren Kerbhölzer lange Zeit ebenso anerkannt wie Urkunden. In der Preußischen Prozessordnung von 1781 finden wir den Hinweis, dass Kerbhölzer juristische „Beweiskraft" hätten.

Das Kerbholz war ein Stab, auf dem je nach Art, Menge und Beschaffenheit eines Handels oder einer Dienstleistung in unterschiedlicher Dicke und Anzahl Kerben angebracht wurden. Entweder war dieser Stab bereits vorher zweiteilig oder er wurde anschließend an den Kerbvorgang der Länge nach gespalten. Gläubiger und Schuldner erhielten dann jeder eine Hälfte. Wurde später abgerechnet, hielt man die Kerbholzhälften für das jeweilige Geschäft wieder aneinander. Die exakte Entsprechung der Kerben zeigte die Korrektheit der Forderung an. Wurde diese beglichen, tilgte man die Schuld auf dem Stab, indem man sie „abkerbte", also die Kerben herausfeilte oder -schnitt.

Übrigens war das Kerbholz in ganz Europa und in den Kolonien anzutreffen. In England, wo es auch zum Nachweis für gezahlte Steuern verwendet wurde, kam es am 16. Oktober 1834 noch einmal zu trauriger Prominenz, obwohl es gerade abgeschafft worden war. Als man nämlich die durch eine Steuerreform mit zeitgemäßer Nachweisführung überflüssig und ungültig gewordenen Kerbhölzer in riesiger Menge im Hof des *Palace of Westminster* zu London auftürmte und in Brand setzte, griff das Feuer auf das Gebäude über und vernichtete große Teile des altehrwürdigen Palastes der britischen Demokratie.

Schwarze/rote Zahlen schreiben

Gewinn/Verlust machen

„Solange die Firma schwarze Zahlen schreibt, wird die Geschäftspolitik nicht geändert" und „Das Unternehmen schreibt seit Jahren rote Zahlen" sind zwei Zitate, wie wir sie so oder ähnlich tagtäglich hören oder lesen. Zur Bedeutung dieser Sprachbilder bedarf

es keiner weiteren Erläuterung als eben der, dass es dabei um Gewinn und Verlust geht.

In der kaufmännischen Buchführung werden seit Jahrhunderten Gewinne und Guthaben in Schwarz, Verluste und Schulden jedoch in der Signalfarbe Rot geschrieben. Es heißt, dass in der *Banca dei Medici* der berühmten Familie Medici in Florenz, die unter Giovanni di Bicci de' Medici (1360–1429) zur Bank des Papstes aufstieg, erstmals die sofort auffällige rote Tinte für Außenstände verwendet wurde.

Umgangssprachlich werden diese Sprachbilder gern zusätzlich verbal verstärkt. Geht es zum Beispiel einem Unternehmen ganz besonders schlecht, schreibt es redensartlich *tiefrote Zahlen.*

Handel und Wandel

das alltägliche Treiben

Kaufleute am Danziger Hafen im 17. Jahrhundert

Das, was wir in unserem Alltag tun, womit wir uns beschäftigen, wie wir Arbeit und Freizeit gestalten, kurz: alles, was unser Tagwerk ausmacht, wird gern in der redensartlichen Floskel von *Handel und Wandel* zusammengefasst.

Ursprünglich bezeichnete dieser Begriff allerdings nur die Tätigkeiten in Handel und Gewerbe, den Ablauf von Geschäften. Der „Handel" stand für die Verrichtungen bei Kauf und Verkauf, der „Wandel" für den Tauschverkehr, mithin für eine Sonderform des Handelsgeschäfts, den Tauschhandel eben. Somit war *Handel und Wandel* eine Art Kurzformel für die Berufsbeschreibung der Kaufleute.

Kaufleute und Händler

Erst durch Martin Luther bekam der „Wandel" seine Sinnerweiterung auf das gesamte menschliche Tun und Treiben. Dem großen Sprachkünstler erschien dieser Paarreim besonders eingängig – was sich ja auch als richtige Einschätzung erwiesen hat –, denn *Handel und Wandel* hat sich als griffige Formel bis in unsere Zeit gehalten.

In Bausch und Bogen
vollständig / restlos / ohne Wenn und Aber

Meistens im Zusammenhang mit Ablehnung, Zurückweisung oder bei Kritik wird dieses Sprachbild verwendet. Man will damit unmissverständlich zum Ausdruck bringen, dass man etwas nachdrücklich und mit aller Konsequenz zurückweist. Bisweilen schwingt in der Heftigkeit einer solchen Zurückweisung ein Vorurteil mit, das die totale Ablehnung undifferenziert erscheinen lässt.

Auch diese Redewendung hat ihren Ursprung im Handel, wenngleich man ihr das auf den ersten Blick gar nicht ansieht. Beim Kauf oder Verkauf von Grundstücken waren

„Bauschen" und „Bögen" früher von Bedeutung. Die berühmten Brüder Jacob und Wilhelm Grimm erklären dazu in ihrem Deutschen Wörterbuch, mit dessen Zusammenstellung sie bereits 1838 begonnen hatten:

Bei Grenzen heißt „Bausch" die auswärts, „Boge" die einwärts gehende Fläche, „Bausch" das Schwellende, „Boge" das Einbiegende, daher die Redensart in Bausch und Bogen – eins gegen das andere, im Ganzen.

Bausch und Bogen waren also die Aus- und Einbuchtungen unregelmäßig verlaufender Grundstücksgrenzen. Kaufte jemand ein Grundstück *in Bausch und Bogen*, fanden keine Grenzbegradigungen statt, sondern er erwarb die Fläche so, wie sie war. Rechtlich bedeutete das für den Käufer, dass er auf kleinliche Aufrechnungen verzichtete, weil die Vertragsparteien davon ausgingen, dass Vor- und Nachteile der krummen Grundstücksgrenzen einander aufwogen.

Der „Bogen" ist bis heute Teil unserer Sprache, der „Bausch" aber hat sich als Substantiv nur in dieser Redewendung gehalten. Dafür lebt er in dem Verb *aufbauschen* weiter, das ganz im ursprünglichen Sinne noch immer für ausweiten, ausdehnen, vergrößern steht.

Auf Heller und Pfennig

in voller Höhe / akkurat abgerechnet

Wir kennen diese Redewendung nur allzu gut: Jeder muss seine Schulden *auf Heller und Pfennig* zurückzahlen, wenn sie ihm nicht teilweise erlassen werden. Wenn *auf Heller und Pfennig* abgerechnet wird, geht es immer um absolute Genauigkeit – nicht die kleinste Differenz bleibt übrig.

Um der Herkunft dieses Sprachbildes, das noch heute in aller Munde ist, auf die Spur zu kommen, müssen wir beide einmal näher ansehen, den „Heller" ebenso wie den „Pfen-

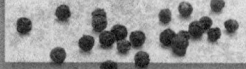

nig". Beide sind nämlich uralte Exemplare dessen, was wir heute „Kleingeld" nennen. Nachgewiesen ist, dass die bereits unter Kaiser Barbarossa (um 1122–1190) eingerichtete Reichsmünzstätte zu Schwäbisch Hall mindestens seit dem Jahre 1228 den *Halla* (dieses Wort war auch in den Münzrand eingeprägt) oder auch „Haller Pfenninc" hergestellt hat. Aus dem „Halla" wurde umgangssprachlich rasch der „Heller" als eigenständige Münze. Zunehmend verdrängte er den gängigen Pfennig, der schon weitaus länger im Umlauf war, allerdings größer, schwerer und dennoch wertloser als das auch „Haller Silberpfennig" genannte Geldstück. Ursprünglich war der Heller eine kleine Silbermünze, die überall im Handel als Zahlungsmittel Verwendung fand. Doch die Münzherren verringerten im Laufe der Zeit den Silberanteil so stark, dass der Heller an Wert (mithin auch an Gegenwert) verlor, bis er schließlich seinen Vorteil einbüßte, kleiner (und damit leichter zu handhaben) und dennoch wertvoller als der Pfennig zu sein. Spätestens nach dem Dreißigjährigen Krieg (1618–1648) war der Heller als Kupfermünze auch farblich nicht mehr vom Pfennig zu unterscheiden.

Dieser wiederum war bereits (ehemals als *Pfenninc*) schon im neunten Jahrhundert im Umlauf. Als anfänglich durchaus wertiges Zahlungsmittel teilte er aber das Schicksal seines viel jüngeren Bruders, des Hellers: Sein Wert verfiel, und auch er wurde zum „Kleingeld".

Keinen roten Heller wert sein

völlig wertlos sein

Nicht nur von Sachen, sondern gar von Personen zu sagen, sie seien *keinen roten Heller wert*, gehört zu den abschätzigsten Ausdrücken, die man im Munde führen kann. Völlig wertlos sei etwas oder jemand, soll damit gesagt werden.

Woher der „Heller" stammt und welche lange Geschichte er hinter sich hat, haben wir eben schon im Zusammenhang mit *Auf Heller und Pfennig* geklärt. Durch die Verringerung des Silberanteils in der Legierung der einstmals hochwertigen Münze, die immer höhere Beimischung von vergleichsweise billigem Material also, bestand der Heller schließlich fast nur noch aus Kupfer und hatte dadurch eine rötliche Färbung angenommen. Und ein „roter Heller" war eben am Ende kaum noch etwas wert.

Übrigens war der Heller in der österreichisch-ungarischen Monarchie noch bis zu deren Auflösung 1918 anerkanntes Zahlungsmittel. In Deutschen Reich wurde er jedoch schon 1873 durch die Münzreform abgeschafft.

10 heller, 1892 (Österreich)

Etwas auf die hohe Kante legen

Geld sparen

Jedem ist diese Redensart geläufig, wir alle haben sie schon in unserer Kindheit von den Eltern und Großeltern gehört. Stets wurden wir angehalten, niemals alles auszugeben, sondern wenigstens einen Teil des Geldes, das wir zum Geburtstag, zur Konfirmation oder Firmung geschenkt bekamen, auf *die hohe Kante zu legen*, also zu sparen.

Schon vor vielen hundert Jahren hat dieses Sprachbild auf direktem Wege Einzug in die Alltagssprache gehalten, denn es beschreibt eine Sitte, die damals überall gängig war – im Privathaushalt ebenso wie im Handel. Gibt es angeblich sogar heute noch Leute, die ihr Bargeld im Sparstrumpf verwahren, so konnte man im Mittelalter sein Geld gar

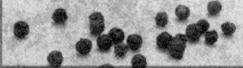

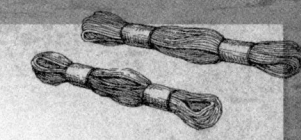

nicht auf eine Bank bringen. Es galt also, im Haushalt gute Verstecke dafür zu finden, um Einbrechern den Diebstahl nicht zu leicht zu machen. Das gleiche galt für Geschäftsleute, die in eigenen Räumlichkeiten Handel trieben.

Eine beliebte Stelle, um Geld zu verwahren, stellten die Kanten von Möbelstücken dar. Insbesondere die Baldachine von Betten im Privathaushalt und die Oberkanten hoher Schränke und Regale im Laden des Händlers boten sich dafür an. Die Erfindung immer neuer Geheimfächer für Münzen war über Jahrhunderte ein regelrechter Volkssport – zumindest in dem kleinen Teil des Volkes, der so viel Geld besaß, dass er dies verstecken musste. Alle diese Fächer hatten eines gemein: Sie waren irgendwo oben in Möbelstücken oder möglichst schwer erreichbar in Deckenbalken untergebracht. Doch selbst in die speziell angefertigten Truhen zur Aufbewahrung von Wertgegenständen wurde eine „hohe Kante" eingebaut, hinter der man Münzen uneinsehbar lagern konnte.

Es gibt allerdings auch bei dieser Redewendung noch eine weitere Deutung zu ihrer Herkunft: Im Handel war es üblich, Münzen aufeinandergestapelt, also „hochkant" zu lagern. Die Geldrollen standen also *auf der hohen Kante*. Mag sein, dass dies als Sprachbild dann Eingang in die Umgangssprache genommen hat.

Von echtem (altem) Schrot und Korn sein

Echt/urig/unverfälscht/authentisch sein

Auf dem Etikett der Flasche des Lieblingsschnapses von Onkel Gert stand unter dem Markennamen der Werbeslogan: „Von altem Schrot und Korn". Wenn der Onkel voller Behagen (nicht nur) ein Glas dieses grauenhaften Getränkes in sich hineingoss, verwies er gern auf diesen Spruch – zutiefst überzeugt davon, etwas Gutes zu sich zu nehmen, das ihm bestimmt nicht schaden könne.

Dabei hat diese beliebte Redewendung ihrem Ursprung nach überhaupt nichts mit Getreide zu tun, aus dem Onkel Gerts Kornschnaps gebrannt war. Und auch die Annahme, sie könne auf Munition zurückgehen, also beispielsweise auf Schrotkugeln, geht fehl.

Münzstätte im Mittelalter

Richtig ist vielmehr, dass wir wieder einmal beim Geld – und damit beim Handel – gelandet sind, genauer gesagt, bei zwei Fachbegriffen aus der frühen Münzprägung, aus einer Zeit also, als Geldstücke noch genau die Kaufkraft hatten, die dem Wert des Materials (Metalls) entsprach, aus dem sie bestanden. „Schrot" war in diesem Zusammenhang die Menge an Material, das für eine Münze verwendet wurde – und damit gleichzeitig auch ihr Gewicht. In „Korn" wurde der Anteil an Feinmetall (beispielsweise Silber oder Kupfer) in der Münze angegeben. „Korn" – in diesem Sinne gebraucht – hat sich übrigens aus dem Wort „Kern" entwickelt, das noch früher gebraucht wurde. „Schrot und Korn" war mithin nichts anderes als die Definition von Gewicht und Feingehalt von Münzen.

Als man begann, immer weniger Edelmetall für die Legierungen zu verwenden, wurde in manche Münzen eingeprägt: „Nach dem alten Schrot und Korn", womit darauf verwiesen wurde, dass es sich hier noch um ein werthaltiges Geldstück nach der ursprünglichen Herstellungsart handelte.

Wie man unschwer sieht, steht Onkel Gerts Weizenkorn tatsächlich in keinem Zusammenhang mit alldem.

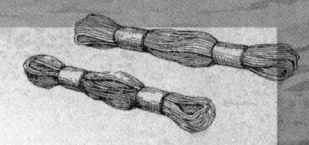

Etwas für einen Apfel und ein Ei kaufen/verkaufen

billig erwerben/veräußern

Gern wird diese Redensart auch in der norddeutschen Form *für 'nen Appel und 'n Ei* gebraucht. Gemeint ist damit immer, dass man etwas besonders billig ein- oder verkauft. Wohlgemerkt: billig – nicht preiswert. An dieser Stelle kann einmal mit der verbreiteten Unsitte aufgeräumt werden, besonders billige Angebote als „preiswert" zu bezeichnen. Das ist Unsinn. Auch ein teurer Luxusgegenstand kann preiswert sein, dann nämlich, wenn er den verlangten Preis tatsächlich wert ist. Billig hingegen ist er beileibe nicht, und man wird ihn kaum *für einen Apfel und ein Ei* erstehen können.

Entstanden ist diese alte Redensart wohl bereits im Mittelalter, ist jedoch erst seit dem 17. Jahrhundert schriftlich belegt. Äpfel und Eier waren billige, überall verfügbare Naturprodukte in der bäuerlich geprägten ländlichen Gesellschaft. Sie als griffiges Sprachbild für wohlfeile Käufe und Verkäufe herzunehmen, lag also auf der Hand.

Die Rechnung ohne den Wirt machen

sich irren / die Folgen nicht bedenken

Wer übersieht oder bewusst ignoriert, dass der Erfolg seiner Planung oder das Gelingen seines Vorhabens nicht von ihm allein abhängt, sondern ebenso vom Einverständnis anderer Personen oder von der Gunst der Umstände, der macht sprichwörtlich *seine Rechnung ohne den Wirt*. Die Redewendung wird heutzutage auch dann gebraucht, wenn jemand sich zu seinen Ungunsten verrechnet, sich dramatisch täuscht, bei seinen Entscheidungen von falschen Voraussetzungen ausgeht oder die fehlende Akzeptanz seines Handelns nicht bedenkt.

Dorfszene mit dem Wirtshaus in St. Michael, Pieter Brueghel (der Jüngere) 1616

Im Wirtshausgarten, Jan Steen

Seit dem 16. Jahrhundert machen wir umgangssprachlich manchmal *die Rechnung ohne den Wirt* – eine alte Formulierung also, deren Entstehung leicht erkennbar ist. In fröhlicher Runde verrechnet man sich leicht in der Höhe der Zeche, jedoch nur so lange, bis der Wirt schließlich die Rechnung präsentiert.

Einen Reibach machen

übermäßigen Gewinn erzielen

Mit einem negativen Beigeschmack ist diese Redewendung versehen, die dafür gebraucht wird, dass jemand einen unverschämt großen Vorteil – vornehmlich einen finanziellen – aus einem Geschäft zieht. Nichts selten spielt der latente Vorwurf der Manipulation oder der Täuschung mit, wenn von jemandem gesagt wird, er habe *einen Reibach gemacht*. Ein modernes umgangssprachliches Synonym für den „Reibach" ist heute die „Abzocke".

Im 19. Jahrhundert ist der „Reibach" über den Umweg des „Rebbach" im Rotwelsch, der Bettler- und Gaunersprache, in die allgemeine Alltagssprache eingegangen. Ursprünglich liegt ihm das hebräische Wort *räwah* für Verdienst, Gewinn zugrunde, aus dem im Jiddischen *rebach* wurde, was auch Zins bedeutet.

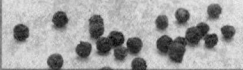

Einen (guten) Schnitt machen

Gewinn erzielen / ein gutes Geschäft machen

„Mit seiner alten Bude hat er einen verdammt guten Schnitt gemacht", wird (wahrscheinlich meistens neidvoll) über jemanden gesagt, der sein Haus mit gutem Gewinn verkauft hat. Immer dann, wenn jemand ein vorteilhaftes Geschäft abgeschlossen hat, sprechen wir davon, er habe dabei *einen guten Schnitt gemacht*.

Wahrscheinlich ursprünglich aus der Landwirtschaft kommend, wo ein „guter Schnitt" (mit der Sense) eine gute Ernte bedeutete, hat sich diese Redewendung schon früh unter den Händlern auf den alten Märkten eingebürgert. Sie brüsteten sich nach einem erfolgreich abgeschlossenen Handel, einem vorteilhaften Geschäft, gern damit, *einen guten Schnitt gemacht* zu haben.

Es gibt aber noch eine andere Deutung zur Herkunft dieses Sprachbildes, die nämlich, dass es der Sprache der Gauner, genauer: der sogenannten Beutelschneider, entstamme. War es diesen listigen Verbrechern gelungen, jemandem einen besonders prallen Geldbeutel vom Gürtel abzuschneiden und zu stehlen, hatten sie im wahren Wortsinn *einen guten Schnitt gemacht*.

„Der Misanthrop" von Pieter Brueghel

Das kommt (mir) nicht in die Tüte!

Das akzeptiere ich nicht! /
Das ist nichts wert!

Ganz und gar nicht einverstanden ist derjenige, der heute diese Metapher benutzt. Sie drückt klare, ja entrüstete Ablehnung aus und wird für alle Situationen genutzt, in denen jemand klarmachen will, dass etwas überhaupt nicht in Frage kommt – egal was.

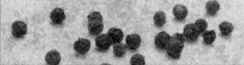

Der Alte Markt in Potsdam um 1900

Erst im 19. Jahrhundert stoßen wir auf diese Redewendung, deren Ursprung jedoch nicht eindeutig zu klären ist. Wir finden einige wenige Erklärungsversuche, die jedoch allesamt reine, zum Teil abenteuerliche Mutmaßungen darstellen, und die wiederzugeben ich mir deswegen spare. Am meisten leuchtet noch ein, dass heute etwas *nicht in die Tüte* kommt, weil dies einfach ein zu allen Zeiten oft gebrauchter, absolut alltäglicher Satz beim Handel auf den Märkten gewesen ist. Waren werden schon sehr lang nach dem Verkauf für den Kunden in Papier eingewickelt – wenngleich erst seit etwa einhundertfünfzig Jahren in geklebte Tüten, die wir heute kennen. Käufer, die mit der Qualität nicht einverstanden waren oder denen man versuchte, etwas anders als das Gewünschte einzupacken, mögen mit einem *Das kommt mir nicht in die Tüte* reagiert haben. Somit dürfte die Redensart aus diesen sicher nicht seltenen Situationen im Warenhandel heraus ihren inzwischen bedeutungserweiterten Eingang in die Alltagssprache genommen haben.

Große Stücke auf jemanden halten

jemanden besonders schätzen

Man hat eine hohe Meinung von jemandem, auf den man *große Stücke hält*. Diese Redewendung ist immer noch verbreitet, wenn auch nicht mehr in aller Munde.

Früher war der Ausdruck „große Stücke" gleichbedeutend mit „viel", vornehmlich, wenn es dabei um Geld ging. Bildhaft standen die „großen Stücke" für stattliche und damit wertvolle Münzen – Geldstücke also. Das „Halten" wiederum wird auch heute noch im Finanzwesen gebraucht. Man „hält" Aktien und Anteile, dies jedoch nur dann, wenn sie einen besonderen Wert haben. Aber auch unter Spielern wird auf etwas gesetzt und „gehalten" – besonders bei Wetten.

Das Zünglein an der Waage sein

kleine Ursache – große Wirkung

Im Zusammenhang mit bevorstehenden Wahlen wird dieser bildhafte Ausdruck immer wieder gern gebraucht. Kaum ein Demoskop, der nicht von einer kleinen Partei mutmaßt, sie könne durch Eintritt in eine Koalition *das Zünglein an der Waage sein*, wenn es zur Regierungsbildung kommt. Überhaupt geht es meistens um ausgewogene Situationen, wenn man die Redensart vom *Zünglein an der Waage* bemüht, durch das ein Gleichgewicht in irgendeiner Weise beeinflusst wird. Immer steht dabei der Sinn im Hintergrund, dass ein eher unbedeutender Faktor eine große, gar folgenschwere Wirkung entfaltet.

Justitia – Maarten van Heemskerck (1498–1574)

Bei der Entstehung dieser eingängigen Metapher stand die Balkenwaage Pate. Sie ist so konstruiert, dass an beiden Enden eines aus*gewogen* mittig gelagerten Wiegebalkens Waagschalen hängen, in die das Wiegegut gelegt werden kann. In robuster Bauweise und unterschiedlichen Größen fand sie jahrhundertelang im Handel auf den Märkten Verwendung. Aber auch dort, wo kleinste Mengen abgewogen werden mussten, kamen diese Geräte – schon früh in erstaunlicher Präzision konstruiert und gebaut – zum Einsatz, besonders als unverzichtbare Hilfsmittel der Apotheker. Deshalb sind die kleinen, überaus genauen Exemplare auch als sogenannte Apothekerwaagen ein Begriff.

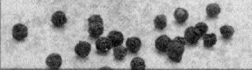

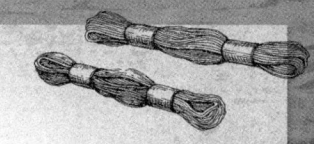

Wir kennen die Waage natürlich von Justitia, der römischen Göttin der Gerechtigkeit und des Gerichtswesens, deren Abbild in kaum einem Gerichtsgebäude fehlt. Als Sinnbild hält sie eine Balkenwaage in der Hand und mahnt damit alle an der Rechtsfindung Beteiligten zu ausgewogenen Urteilen.

Bei der Balkenwaage ist das „Zünglein" der Zeiger in der Mitte des Wiegebalkens, der auf einer am Standfuß angebrachten Skala das gewogene Gewicht anzeigt. Abhängig von der Präzision des Gerätes, kann das Zünglein schon bei Einbringung von leichtesten Gewichten in die Waagschalen zu der einen oder der anderen Seite ausschlagen und damit ein Ergebnis bestimmen.

Kleine Ursache mit großer Wirkung also – und ein wunderbares Beispiel für ein besonders plastisches Sprachbild.

Jedes Wort / nicht jedes Wort auf die Goldwaage legen

etwas (nicht) übertrieben genau / (nicht) allzu wörtlich nehmen

Je nachdem, ob das „nicht" enthalten ist, wird diese Redewendung heute in zwei Bedeutungen gebraucht. „Wenn du mit ihm sprichst, musst du jedes Wort auf die Goldwaage legen" ist die Aufforderung, sich sehr präzise auszudrücken, seine Worte mit Bedacht zu wählen, damit es nicht zu einem Missverständnis kommt. Hingegen bedeutet *Du musst nicht jedes Wort auf die Goldwaage legen*, man möge das Gesagte – oder auch Teile desselben – nicht allzu genau oder zu wichtig nehmen.

Dieses immer noch gern verwendete Sprachbild ist uralt. Schon in der Antike, beispielsweise bei Cicero (106 v. Chr.–43 v. Chr.), findet sie sich, und auch Luther hat sie mehrfach in seinen Schriften gebraucht. Der Reformator war es auch, der sie damit in die

Umgangssprache einführte. Ab dem 16. Jahrhundert war sie überaus beliebt und ist dies bis in unsere Tage.

Goldwaagen sind bis heute in Gebrauch, vornehmlich bei Juwelieren. Früher waren es sehr präzise filigrane Instrumente in der Bauweise der Balkenwaage, mit denen man kleinste Mengen Goldstaub exakt auswiegen und somit deren Geldwert bestimmen konnte. Meistens waren diese Waagen transportabel in aufwändig gearbeiteten Holzkästchen verstaut, die auch die winzigen Gewichte aufnehmen konnten. Moderne elektronische Goldwaagen sehen zwar völlig anders aus, dienen aber demselben Zweck und sind nach wie vor für den Handel mit Feingold unverzichtbar.

Etwas aus dem Effeff beherrschen

etwas perfekt können

„Sie beherrscht ihr Instrument aus dem Effeff." So klar und eindeutig die Bedeutung dieser Redewendung erkennbar ist, so schwierig gestaltet sich die Suche nach ihrer Herkunft. „Effeff" ist nichts anderes als die ausgeschriebene Version der Buchstabenfolge „ff", was zu einer erstaunlichen Vielfalt an Erklärungen zum Ursprung dieses Ausdrucks geführt hat.

Eine davon bildet die italienische Kaufmannssprache, in der seit dem 17. Jahrhundert als Qualitätsklasse einer Ware der Buchstabe „f" für „fino", also „fein", steht, in seiner Verdoppelung „ff" für „finissimo", was „sehr fein" bedeutet. Dieses „ff" wird bis in unsere Tage im Handel auch in Deutschland für besonders hochwertige Produkte verwendet. Da die Redewendung *etwas aus dem Effeff beherrschen* jedoch deutlich früher belegt ist als die Klassifizierung von Waren mit „ff", sind Zweifel an diesem Erklärungsansatz angebracht.

Eine andere Herleitung führt uns ebenfalls nach Italien, genauer gesagt in die frühen Amtsstuben dort. Auf Anträgen oder Gesuchen von Bürgern, denen demnächst stattgege-

ben werden sollte, vermerkten die Beamten ein „f" für „fiat" (lat.: es geschehe). Sollte der Amtsschimmel geradezu in Galoppade versetzt werden, kam ein „ff" auf das Dokument, also „fiat fiat", was die Bedeutung von „Es geschehe sofort" hatte.

Weniger einleuchtend erscheint dagegen die Behauptung, das *fortissimo* (ital.: sehr laut zu spielen) aus der Musik, das auf Partituren mit „ff" abgekürzt wird, könne etwas mit dem heutigen umgangssprachlichen Effeff zu tun haben. Auch der Ansatz, wer *etwas aus dem Effeff beherrsche,* habe nicht nur einseitige, sondern umfassende Kenntnisse, was auf das „ff" hinwiese, das im Sinne von „folgende Seiten" gebraucht wird, überzeugt eher nicht.

Wahrscheinlich trifft folgende Erklärung am ehesten zu, die uns zum Rechtssystem der alten Römer zurückführt, das in den *Pandekten* (pandectae, lat.: das Allumfassende), einer Zusammenstellung der wichtigsten Schriften des römischen Rechts, überliefert ist. Die Rechtsgelehrten des Mittelalters pflegten (insbesondere beim Zitieren) *die Pandekten* oder Auszüge aus diesen mit dem griechischen Buchstaben Π (Pi) abzukürzen. Niemand weiß, wieso sich diese Abkürzung in den folgenden Jahrhunderten in ein „ff" gewandelt hat. Man vermutet, dass der griechische Buchstabe – flüchtig geschrieben – wie „ff" ausgesehen habe (man stelle sich nur den Querstrich etwas tiefer angesetzt vor) und so als Quellenachweis für die *Pandekten* bis ins 18. Jahrhundert hinein weiterlebte. Besonders gute, umfassend gebildete Juristen kannten sich in den *Pandekten* natürlich bestens aus. Wer also das „ff" beherrschte, war ein Rechtsexperte. Von da bis zur Verallgemeinerung des „Effeff" für Könner in allen denkbaren Disziplinen – und damit zu unserer Redensart – war es dann kein weiter Weg mehr.

Lug und Betrug

Von frechen Gaunern, armen Opfern und
(nicht nur) toten Tieren

Klinken putzen

aufdringlich akquirieren /
sich für einen guten Zweck einsetzen

Meistens ist es stark abwertend gemeint, wenn von jemandem behauptet wird, er müsse *Klinken putzen*. Gern wird dieser Begriff auf aggressive Verkäufer, insbesondere auf sogenannte Drückerkolonnen, angewandt, die ohne vorherige Terminabsprachen auf gut Glück an Wohnungstüren klingeln, um ihre Produkte zu verkaufen. Inzwischen wird das *Klinken putzen* in unserem Alltag sogar allgemein als geringschätzige Bezeichnung für den Direktvertrieb, also den Verkauf von Waren und Dienstleistungen an den Endverbraucher, verwendet.

Hat es dagegen jemand auf sich genommen, für einen guten Zweck bei allen möglichen Behörden oder bei potenziellen Spendern vorzusprechen, wird das *Klinken putzen* zuweilen auch in einem mitfühlenden, anerkennenden Sinn gebraucht. Das gilt besonders dann, wenn jemand selbstlos die schwierige Aufgabe erfüllt, von Tür zu Tür zu gehen und Geld für hilfsbedürftige Menschen oder Organisationen zu sammeln. Dann kommt schon mal das Lob: „Großartig, dass Sie für diese gute Sache Klinken putzen gehen."

Durchaus lobend ist es auch gemeint, wenn über einen Politiker gesagt wird, er habe „Tausende von Klinken geputzt", um sich bei den Menschen in seinem Wahlkreis persönlich vorzustellen und mit ihnen ins Gespräch zu kommen.

Die Redensart ist ein eingängiges, sofort verständliches Sprachbild und stammt aus dem sprachlichen Repertoire der Bettler und Hausierer, dem Rotwelsch. Das ist die im Mittelalter entstandene Sondersprache des „Fahrenden Volkes", der Gauner, Bettler und Hausierer, mithin ein sogenannter Soziolekt, die Sprache einer gesellschaftlichen Randgruppe. Unschwer zu erkennen, dass hier bewusst überzeichnet das Bild von Klinken an Haus- und Wohnungstüren gemalt wird, die durch vielfaches Berühren blankgeputzt wurden.

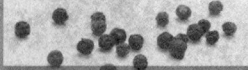

Letztlich soll nicht unerwähnt bleiben, dass „Klinkenputzen" oder auch „Klinke Putzen" in einigen Gegenden Deutschlands als volkstümlicher Brauch existiert, der sich als weibliche Version des „Treppenfegens" von Junggesellen entwickelt hat. Ist eine Frau an ihrem dreißigsten Geburtstag noch nicht verheiratet, muss sie mancherorts unter allerlei Tamtam und Klamauk, verbunden mit heftigem Alkoholgenuss der Freunde und Bekannten, viele an ein Brett (die stilisierte Tür) montierte Klinken reinigen. Diese werden vorher mit möglichst unappetitlichen, vor allem aber bestens haftenden Substanzen beschmiert. Erst wenn sich eine „männliche Jungfrau" (bei der Auswahl ist man nicht allzu streng) findet, die sie „freiküsst", darf sie das „Klinkenputzen" einstellen.

Ein Quacksalber auf dem Markt, Jan Victors ca. 1635

Einen/den Fuß in der Tür haben / in die Tür bekommen

Beteiligung/Mitwirkung erlangen/erzwingen

„Es muss uns endlich gelingen, bei neuen Kunden den Fuß in die Tür zu bekommen", sagt der Vertriebsleiter zu seinen Verkäufern und meint damit, man müsse dringend zusätzliche Abnehmer für die Produkte oder Dienstleistungen der Firma akquirieren. Immer dann, wenn jemand unbedingt – nicht selten trotz eines ihm entgegengebrachten Desinteresses oder gar klarer Ablehnung – etwas erreichen will, versucht er sprichwörtlich, einen Fuß in die Tür zu bekommen. Selbst für Staaten, die ihren Einflussbereich – wirtschaftlich oder militärisch – auf andere Länder ausdehnen wollen, wird diese Metapher benutzt.

Sie stammt aus dem Handel, genauer, aus dem Haustürgeschäft. Aufdringliche Vertreter, die verhindern wollen, dass ihnen die Tür vor der Nase zugeschlagen wird (auch so eine Redensart, die sich umgangssprachlich verselbständigt hat), stellen ihren Fuß zwischen Tür und Rahmen. Das geschieht inzwischen nur noch selten, denn dass jemand mit einem auf diese freche Weise erzwungenen Verkaufsgespräch bei irgendeinem Kunden Erfolg haben wird, ist unwahrscheinlich. Die Handlung selbst aber ist nach wie vor ein bei vielen Gelegenheiten gern genutztes Sprachbild in unserem täglichen Leben.

Einpacken können

verloren haben / nichts ausrichten können / scheitern

„Wenn ich dieses Geschäft nicht unter Dach und Fach bringe (siehe Seite 16), kann ich einpacken", mag es dem Versicherungsvertreter durch den Kopf gehen, und er sieht seine Provision dahinschwinden. Oftmals ist dieses *Einpacken können* nur auf ein be-

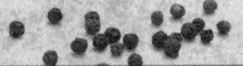

Ein reisender medizinischer Verkäufer präsentiert seine Waren einer kleinen Gruppe von Interessenten

stimmtes Vorhaben, ein Projekt oder eben ein Geschäft bezogen, aber der Begriff wird auch für totalen Misserfolg, für eine Niederlage *auf ganzer Linie* (ein Sprachbild aus der Welt des Militärs) gebraucht, etwa, wenn ein Konkurs unvermeidlich geworden ist. Wer umgangssprachlich einpacken kann, der hat verloren.

Auch diese Redewendung stammt von den Haustürverkäufern ab, den sogenannten Hausierern. Diese trugen stets ihre Waren in Koffern (früher manchmal sogar in „Bauchläden") mit sich, wenn sie von Tür zu Tür zogen, mithin *Klinken putzten* (siehe Seite 100). Blieben all ihre Verkaufsgespräche erfolglos, fruchtete alle Überzeugungs- oder gar Überredungskraft nicht, verweigerte sich der Kunde also standhaft einem Geschäft, *konnten* die Hausierer alle angebotenen Waren wieder *einpacken* und mussten unverrichteter Dinge ihres Weges ziehen.

Die Katze im Sack kaufen

*etwas ungeprüft kaufen /
sich auf ein Risiko einlassen*

Wer allzu leichtgläubig etwas kauft, was er nicht kennt oder nicht geprüft hat, der *kauft die Katze im Sack*. Ebenso wird diese Redensart – abseits ihrer Verwendung für ein Geschäft – für alle möglichen riskanten Entscheidungen gebraucht. So wollten sich beispielsweise Brautleute, deren Verheiratung arrangiert wurde, zu allen Zeiten (so etwas ist ja noch heute in manchen Kulturkreisen an der Tagesordnung), gern vorher einmal zu Gesicht bekommen, um nicht *die Katze im Sack zu kaufen*.

Wenn wir herausfinden wollen, wo diese Metapher ihren Ursprung hat, ergeben sich wieder verschiedene Ansätze, von denen jede einzelne durchaus einleuchtend ist. Wir wissen, dass Martin Luther für leichtfertige Entscheidungen mehrmals die Redensart

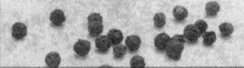

Etwas im Sack kaufen verwendet hat, die schon zur Zeit des Reformators in der Umgangssprache gängig war. Tatsächlich findet sie sich bereits in verschiedenen Schriften aus dem 13. Jahrhundert. Die Katze ist dann später hinzugekommen. Im Volksbuch „Till Eulenspiegel" aus dem Jahr 1515 heißt eine Posse „Die Katze im Sack", in der jemand einen Hasen kauft, einen wertvollen Braten also. Nach dem Bezahlen wird dem Unaufmerksamen dann jedoch eine Katze in den Sack gesteckt.

Überhaupt scheint der Austausch eines Hasen oder eines Kaninchens durch wertlose Katzen im Mittelalter eine beliebte Art des Betruges auf den Märkten gewesen zu sein. Wir finden in vielen alten Marktordnungen die Bestimmung, dass geschlachtete Hasen und Kaninchen nur mit Kopf und Pfoten angeboten werden durften, damit man sie eindeutig von Katzen unterscheiden konnte. Aus jener Zeit stammt übrigens auch der höhnische Begriff „Dachhasen" für Katzen. Allzu oft – ob als Folge eines Betruges oder aus bitterer Armut – scheinen diese in Massen herumstreunenden Tiere geschlachtet, gebraten und verspeist worden zu sein.

Ein Kenner.
Gastwirt (freundlich zum Gast): „Vielleicht eine Protion Hasenbraten gefällig?"
Gast: „Nein, danke, bin selbst Gastwirt."

Karikatur zum Verzehr von Haustieren in der mitteleuropäischen Küche

Die Katze aus dem Sack lassen

*ein Geheimnis lüften /
die wahre Absicht zeigen*

Selbst in der seriösen Presse findet sich dieses beliebte Sprachbild nicht selten. Halten zum Beispiel Parteivorstände mit dem Namen eines bedeutenden Kandidaten zunächst hinter dem Berg (übrigens auch eine sehr alte Metapher, diese jedoch aus dem Militärwesen), um für die Bekanntgabe viel öffentliche Aufmerksamkeit zu entfachen, schreiben die Zeitungen, *die Katze werde* erst später *aus dem Sack gelassen*. Überhaupt liegt meistens eine Erwartungshaltung in der Luft, wenn diese Redensart benutzt wird, denn es wird ein – mehr oder weniger brisantes – Geheimnis gelüftet. Nicht selten schwingt dabei ein gewisses Misstrauen vor dem mit, was wohl aus dem Sack hervorkommen werde. Doch auch im täglichen Leben ist das Sprachbild in aller Munde: „Nun lass endlich die Katze aus dem Sack – was gibt es zu essen?"

Natürlich ist jede Katze, die aus dem Sack gelassen wird, zunächst einmal in demselben verborgen, was direkt auf die Nähe dieser Redensart zu der vorher besprochenen von der Katze, die man im Sack kauft, hinweist. Wie dort schon erwähnt, war es auf mittelalterlichen Märkten eine beliebte Masche der Gauner, Katzen in einem Sack versteckt als Hasen oder Kaninchen zu verkaufen. Um sicherzustellen, dass man als Käufer nicht betrogen wurde, forderte man also den Händler auf, „die Katze aus dem Sack zu lassen".

Aber auch hier gibt es noch weitere Erklärungen, wie diese Redewendung entstanden sein könnte. Da sie in deutscher Sprache erst Ende des 18.Jahrhunderts schriftlich belegt ist, könnte sie aus dem Englischen entlehnt sein. *To let the cat out of the bag* kommt dort nämlich bereits in einer Schrift aus dem Jahre 1760 vor.

Eine andere Herleitung ergäbe sich aus der früher sehr verbreiteten Methode des Ersäufens, mit der man der unkontrollierten Vermehrung von Katzen Herr zu werden versuchte. Dazu steckte man die jungen Kätzchen in einen Sack, tat einen Stein hinein

und warf ihn ins Wasser. Häufiger soll es vorgekommen sein, dass jemand die Katzen – gewollt oder versehentlich – aus dem Sack gelassen hat, so dass sie ihrem Tod entrannen. Schließlich ist ebenfalls denkbar, dass bei der Entstehung dieser Wendung Tiere überhaupt keine Rolle gespielt haben. „Neunschwänzige Katze" nämlich nannte man die Peitsche mit neun Lederriemen, die der Schrecken aller Seeleute auf den alten Segelschiffen war und mit der der Bootsmann die Matrosen auspeitschte, wenn sie für ein Vergehen bestraft werden sollten. Stets bestimmte zunächst der Kapitän als „Master next God" die Anzahl der Peitschenhiebe, und danach *ließ* der Bootsmann *die Katze aus dem Sack*, um die schmerzhafte Tortur zu vollziehen.

Einen Kuhhandel eingehen

ein zweifelhaftes Geschäft / einen eigensüchtigen Handel abschließen

Schon wieder ein Tier, noch dazu ein derart liebes und nützliches, das für eine Redensart mit schändlicher Bedeutung herhalten muss. Wer einen Kuhhandel eingeht, lässt sich auf ein fragwürdiges Geschäft ein, und wer einen solchen sogar bewusst plant und vorbereitet, führt betrügerische Absichten im Schilde. (*Im Schilde führen* ist übrigens auch eine schöne und sehr alte Redewendung – allerdings aus der Welt des Militärs. Näheres dazu in „So schnell schießen die Preußen nicht", Regionalia Verlag 2015).

Dass dieses Sprachbild aus dem Handel, genauer: dem Viehhandel stammt, ist unverkennbar. So wie die Rosstäuscher versucht haben (und dies dem Hörensagen nach immer noch hin und wieder tun), ihre Kunden mit falschen Behauptungen über das angebotene Pferd hinters Licht zu führen, entsprachen und entsprechen bis heute keineswegs alle Rindviecher, die zum Verkauf stehen, ihren angepriesenen Vorzügen. *Der Kuhhandel* als redensartlicher Ausdruck für ein betrügerisches Geschäft ist in der Alltagssprache aller-

Angriff auf ein Landbauerpaar, Pieter Brueghel (der Jüngere)

dings erst seit dem 19. Jahrhundert nachzuweisen. Vor allem benutzt man ihn gern für einen Tauschhandel, in dem einer der Geschäftspartner betrogen wird.

So eingängig ist diese Redensart, dass es sogar eine Operette mit dem Titel „Der Kuh-handel" (von Kurt Weill – später neu bearbeitet) und ein gleichnamiges Gesellschaftsspiel (Ravensburger) gibt.

Pferdemarkt an der landwirtschaftlichen Halle am Ostendplatz in Frankfurt im September 1899

Ein Schlawiner sein

ein durchtriebener/gerissener/pfiffiger/unzuverlässiger Mensch sein

Durchaus unterschiedlich kann es gemeint sein, nennt man jemanden einen *Schlawiner*. Dieser redensartliche Ausdruck wird, je nach dem Zusammenhang, in dem er fällt, sowohl abschätzig als auch anerkennend gebraucht, wobei allerdings auch im eher positiven Sinn manchmal ein gewisser Argwohn mitschwingt.

Die Redewendung ist vor allem in Süddeutschland und Österreich noch weit verbreitet. Sie kommt im frühen 20. Jahrhundert auf und geht vermutlich auf Bettler und Hausierer zurück, die aus Slowenien (damals ein Teil Österreich-Ungarns) stammten. Diese galten als besonders gerissene fahrende Händler, als Gauner also. Schnell aber wurde der „Schlawiner" zum Inbegriff für alle Hausierer, ja sogar alle Markthändler fremder Herkunft. Der fanatische Nationalismus jener Zeit – in

Der Hausierer von Hieronymus Bosch, um 1500

unheiliger Allianz mit wucherndem Rassismus – führte bald dazu, dass wahllos nicht nur Slowenen und Slowaken (mithin Menschen slawischer Herkunft), sondern auch die sogenannten Zigeuner (also Sinti und Roma) und jüdische Kaufleute als „Schlawiner" bezeichnet wurden. Der Zeitgeist brachte es mit sich, dass „Schlawiner" in den Jahren ab etwa 1925 im deutschen Sprachraum sogar ein landläufiges, ganz selbstverständlich gebrauchtes Schimpfwort für osteuropäische Ausländer wurde.

Wer heute hin und wieder jemanden einen *Schlawiner* nennt, muss nicht befürchten, deshalb als Rassist oder Antisemit zu gelten. Längst hat sich dieser Ausdruck in unserer Umgangssprache von seiner fragwürdigen Entstehungsgeschichte gelöst und ist selbst in der seriösen Presse anzutreffen, auch in Sportkommentaren, beispielsweise als Anerkennung für einen Fußballer, der mit einem besonders gelungenen Trick ein unerwartetes oder ungewöhnliches Tor geschossen hat.

Sich nicht lumpen lassen

freigiebig sein / nicht geizig sein /
sich finanziell engagieren

„Die Geschäftsleitung ließ sich auch beim diesjährigen Firmenfest nicht lumpen und zahlte alle Getränke." Da speziell diese Art von Veranstaltungen für ihren ausgiebigen Alkoholkonsum bekannt sind, darf man bei einer solchen Nachricht in der Belegschaftszeitung von einer spendablen Geste der Chefetage ausgehen. Wer sich *nicht lumpen lässt*, zeigt sich mithin großzügig – zumindest in finanzieller Hinsicht. Deutlich seltener wird diese Redewendung auch einmal für ein nichtfinanzielles Engagement benutzt. Um in unserem Beispiel zu bleiben, etwa so: „Die Abteilungsleiter ließen sich nicht lumpen und nahmen ohne mit der Wimper zu zucken an den Tortenschlachten teil."

Und wo stammt es nun eigentlich her, dieses *Sich nicht lumpen lassen* – etwa auch aus der Welt des Handels?

Ja, und zwar leitet sich die Redensart von den Lumpensammlern früherer Zeiten ab, die ihre Beute dann wieder verkauften – angeblich meistens zu betrügerisch überhöhten Preisen. Aus den Lumpen (Stofffetzen, alte Kleidungsstücke, schadhafte Jute- oder Leinensäcke und ähnliches), die sie sammelten oder gar stahlen, wurde also rasch ein Ausdruck für eine bestimmte Gruppe von Menschen. Bereits im 17. Jahrhundert bezeichnete man sie selbst ganz selbstverständlich als „Lumpen". Das Substantiv „Lumpen" verbalisierte sich im Laufe der Zeit zu „lumpen". Und da natürlich kein „ehrbarer" Bürger als „Lump", also als Ganove oder Betrüger angesehen werden wollte, durfte er sich folgerichtig umgangssprachlich besser *nicht lumpen lassen*.

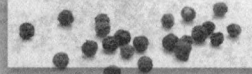

Anbieten wie sauer Bier

zu jedem Preis verkaufen wollen /
einen Ladenhüter verschleudern

Der Bierbrauer von Jost Amman, 1568

Da kann der Marktschreier seine schon leicht angeschlagenen Früchte *anbieten wie sauer Bier* – gibt es am Nachbarstand besseres Obst, wird er auf seiner Ware sitzenbleiben. Gerade wenn etwas unbedingt verkauft werden soll oder muss, greifen Händler manchmal zu rabiaten Verkaufsmethoden. Mit allen verkäuferischen Tricks bieten sie ihre Ware dann sprichwörtlich „wie sauer Bier" an.

Genauso war es schon im Mittelalter, aus dem diese Redewendung stammt. Hatte ein Braumeister in der Stadt sein Bier fertiggebraut, ließ er dies von sogenannten Ausrufern in den Straßen und besonders auf dem Markt, wo das Fass stand, lautstark verkünden. Wenn es beim Brauen zu einem Fehler gekommen war oder wenn das Bier schon zu lange in der Sonne gestanden hatte, wurde es nicht selten sauer, es „kippte um". Um dennoch wenigstens ein bisschen Geld zu verdienen und so den Verlust zu begrenzen, strengten sich beim sauren Bier die Marktschreier besonders an. Doch so billig man es auch erwerben konnte, nur sehr wenige Arme muteten sich das grässlich schmeckende Getränk zu, mit dem man sich zwar durchaus auch einen Rausch antrinken konnte, dies jedoch mit Magenschmerzen und häufig genug mit heftiger Diarrhö bezahlte.

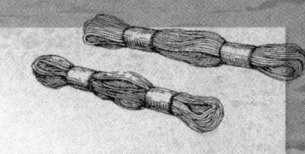

Mit Zitronen handeln

erfolglos sein / sich verkalkulieren / Pech haben

Nicht selten schwingt eine gewisse Schadenfreude mit, wenn man von jemandem behauptet, er habe *mit Zitronen gehandelt.*

Die Redensart ist wahrscheinlich weder sehr alt, noch lässt sich eindeutig belegen, welchen Ursprung sie hat. Wir sehen sie uns hier einmal an, weil sie natürlich klar mit dem Kaufen und Verkaufen, also mit dem Handel in Verbindung steht.

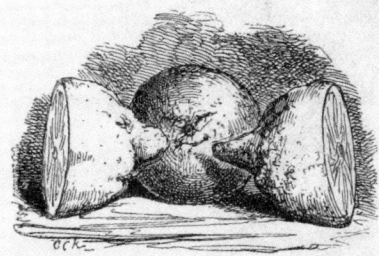

Karrikatur dreier Zitronengesichter

Eine oft zu lesende Erklärung zur Herkunft führt die Ungenießbarkeit der Zitrone an. Wer in diese Frucht hineinbeiße, heißt es da, verziehe wegen der unerträglichen Säure das Gesicht. Und dieser Gesichtsausdruck ähnele dann derselben Miene, die jemand zeige, der durch eine Fehlinvestition einen geschäftlichen Misserfolg oder ein finanzielles Debakel erlitten habe. Nun ja …

Im früheren Herzogtum Berg, der Gegend im südöstlichen heutigen Nordrhein-Westfalen also, die wir als Bergisches Land kennen, soll es, einer anderen Herkunftserklärung zu dieser Redensart folgend, die eigenartige Sitte gegeben haben, die Sargträger bei einer Beerdigung in eine Zitrone beißen zu lassen. Damit wollte man angeblich sicherstellen, dass ihnen die Tränen in die Augen schossen und sie die gewünschte „Leichenbittermine" zur Schau stellten, während sie den Leichnam im Sarg zu Grabe trugen. Auch dazu fällt mir, ehrlich gesagt, nur ein „Nun ja" ein. Ich denke aber, wir können das hübsche Sprachbild, jemand habe *mit Zitronen gehandelt*, gern auch weiter fröhlich gebrauchen, ohne jemals zu erfahren, wie es tatsächlich entstanden ist oder wer es sich – und unter welchen Bedingungen – eigentlich ausgedacht hat.

Etwas in Kauf nehmen

*sich mit etwas/jemandem abfinden / etwas Unangenehmes
um einer guten Sache willen ertragen*

Dafür, dass alles hinterher wieder sauber und ordentlich aussieht, nimmt man die lästige Arbeit des Frühjahrsputzes durchaus *in Kauf*. Und auch einen unsympathischen Mitarbeiter *nimmt* der Abteilungsleiter *in Kauf*, solange er erstklassige Arbeit abliefert.

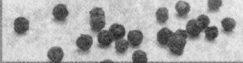

Jahrmarkt in einem böhmischen Bergstädtchen um 1833

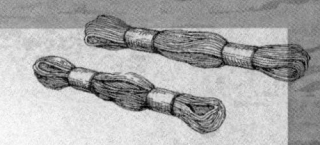

Ursprünglich stammt diese Redewendung von den Formulierungen „Etwas in den Kauf geben" und „Etwas in den Kauf nehmen" ab. Auf den alten Märkten wurde mancher Handel auf die Weise abgeschlossen, dass der Käufer noch Ware dazu erhielt, wenn der Verkäufer ihm nicht genug Wechselgeld zurückgeben konnte. Vor allem aber bei den Geldverleihern, den sogenannten Wucherern, stand (neben oftmals unsittlich überhöhten Zinsen) diese Art des Betruges am Kunden hoch im Kurs: Der Kreditnehmer wurde genötigt, zusätzlich auch noch Waren zu kaufen, die er weder haben wollte noch gebrauchen konnte. Und in seiner finanziellen Bedrängnis ließ sich mancher auf derlei unsaubere Vereinbarungen ein, um überhaupt an Geld zu kommen. Er „nahm" also etwas gar nicht Gewünschtes „in Kauf", weil das Geschäft sonst geplatzt wäre.

Wie man sieht, war es kein weiter Weg bis zur Bedeutung dieser Redensart in unserer heutigen Sprache – sogar in der juristischen, wo „die billigende Inkaufnahme" ein bekannter Terminus ist.

Jemandem einen Bären aufbinden

jemanden täuschen/betrügen/verarschen

Wer jemandem *einen Bären aufbindet*, führt ihn – auch eine alte Redewendung – *hinters Licht*, lügt ihn schamlos an, um sich einen Vorteil zu verschaffen. Das wurde und wird bekanntlich bis heute im Handel hin und wieder versucht und gehört daher auch in dieses Kapitel.

In den meisten Ausführungen zur Herleitung dieses originellen Sprachbildes wird vermutet, es ginge auf die Unmöglichkeit zurück, jemandem tatsächlich ein solch mächtiges Raubtier auf den Rücken zu wuchten und sogar festzubinden, ohne dass er es bemerke. Auch liest man oft die lustige Geschichte von den Zechern, die im Wirtshaus ihre

Rechnung nicht zahlen konnten und dafür dem Wirt einen Bären als Pfand daließen. Erst nachdem sie abgezogen waren, habe der tumbe Gastwirt sich dann die Frage gestellt, was er mit einem lebendigen Bären eigentlich anfangen solle.

Man sieht hier wieder einmal, dass der Fantasie des Volksmundes kaum Grenzen gesetzt sind, wenn es um (oftmals allzu alberne) Erklärungsversuche zu ausgefallenen Redewendungen geht. In diesem Fall hat der Ursprung nämlich rein gar nichts mit dem Raubtier Bär zu tun. Vielmehr stammt die Redensart aller Wahrscheinlichkeit nach von der altgermanischen Wortwurzel *bar*, die „Tragen" bedeutete. In einigen Wörtern hat sich

Eimerträgerinnen um 1820

diese Wurzel bis heute erhalten, beispielsweise in „Bahre". Im Laufe der Jahrhunderte geriet die ursprüngliche Bedeutung jedoch in Vergessenheit, und aus der Last, die zu tragen man jemandem aufbürdete, wurde der „Bär", der einem „aufgebunden wird". Bis heute belebt nun dieses Tier geradezu brüllend ein in der Alltagssprache gern verwendetes Bild, das doch eigentlich einen ganz undramatischen sprachlichen Anfang genommen hat.

Jemandem auf den Zahn fühlen

jemanden peinlich befragen/ausfragen/aushorchen

Das tut schon weh, wenn man es nur hört. Schmerzvoll ist es, wenn der Zahnarzt auf einen kranken Zahn klopft. Anders, aber nicht weniger peinvoll ist es, wenn man einer unangenehmen Befragung ausgesetzt ist, in der man gezwungen wird, widerwillig *Farbe zu bekennen* (übrigens eine Redensart aus dem Kartenspiel).

Schon alt ist dieses Sprachbild, stammt aus den Zeiten, als es noch keine Zahnärzte gab. Wer seine Zahnschmerzen nicht mehr aushielt, begab sich notgedrungen zum Barbier oder auch zum Dorfschmied. Der musste dann erst einmal feststellen, welcher Zahn von innerer Fäule oder Wurzelentzündung betroffen war, und klopfte daher das Gebiss mit einem Hammer ab, fühlte dem so Gequälten also sprichwörtlich „auf den Zahn". Diese überaus schmerzhafte Prozedur hat dann als Redewendung im Sinne von unangenehmen Prüfungen Eingang in die Alltagssprache gefunden.

Wir befassen uns mit dem *Auf den Zahn fühlen* hier jedoch, weil es noch eine andere Erklärung gibt, die nämlich, dass der Pferdehandel Pate für diese Redensart gestanden habe. Der Käufer eines Pferdes prüfte stets den Zustand des Gebisses des angebotenen Tieres, klopfte dabei auf Zähne, die eine verdächtig nach Fäulnis aussehende Färbung hatten. Man „fühlte" also im Pferdehandel (und tut das bis heute) stets gründlich „auf den Zahn".

Leipziger Meßscenen – Pferdekauf auf dem Roßplatz um 1805

Jemandem reinen Wein einschenken

jemandem die ungeschminkte Wahrheit erzählen

„Jetzt muss ich dir wohl mal reinen Wein einschenken", sagt verschwörerisch die Frau, die es für ihre Pflicht hält, die Freundin über die angeblichen Eskapaden ihres Ehemannes

Zechende Studenten, Stammbuchmalerei um 1750

in Kenntnis zu setzen. Jeder, dem angedroht wird, ihm werde nun *reiner Wein eingeschenkt*, hat mit einer unangenehmen Nachricht zu rechnen.

Noch einmal begeben wir uns auf der Suche nach der Herkunft eines Sprachbildes in ein Wirtshaus – hoffentlich eines aus längst vergangenen Zeiten. Insbesondere, wenn die Zecher dort sich bereits in einem Zustand fortgeschrittener Trunkenheit befanden, griff der listige Schankwirt gern zu einem Trick, um seine unaufmerksamen Gäste zu betrügen. Er schenkte dann nur noch minderwertigen Wein aus, den er mit Wasser verdünnt oder mit allerlei billigen Zutaten wie essigsaurer Tonerde gestreckt hatte.

So wurde „reiner Wein" bereits im Mittelalter zum Synonym für Ehrlichkeit, und ein schönes Sprachbild entstand, das wir bis auf den heutigen Tag gern gebrauchen.

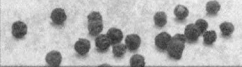

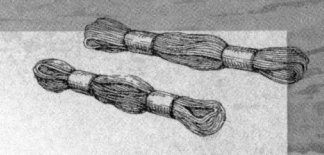

Jemandem einen vom Pferd erzählen

jemanden täuschen/betrügen

Und noch ein Tier, das gern sprachbildlich verwendet wird. Vom *Pferd erzählt* einer, der *jemanden übers Ohr hauen* will – auch das übrigens eine uralte Redewendung, die aber aus dem Fechtsport stammt. Aber auch, wenn jemand – ohne betrügerische Absicht – baren Unsinn erzählt, maßlos übertreibt oder gar lügt, *erzählt* er umgangssprachlich *einen vom Pferd*.

Zwei Ansätze zur Erklärung der Herkunft dieser Redensart gibt es, von denen die erste wieder auf den Handel verweist. Pferdehändler galten zu allen Zeiten als besonders geschäftstüchtige, gerissene Gesellen, die es mit der Wahrheit über ihre vierbeinige Ware nicht immer allzu genau nahmen. Jeder kennt und nutzt noch heute andere Sprachbilder aus dem Pferdehandel, zum Beispiel das vom *geschenkten Gaul*, dem man *nicht ins Maul schaue*, was nämlich ansonsten immer empfehlenswert war, um – unabhängig von den Anpreisungen durch den Verkäufer – am Gebiss des Tieres dessen Alter und Gesundheitszustand selbst überprüfen zu können. So war es ein offenes Geheimnis auf den Märkten, dass Pferdehändler noch über die letzte Schindmähre wahre Wunderdinge behaupteten, oftmals also reine Märchen „vom Pferd erzählten“.

So einleuchtend mir die Pferdehändler-Version scheint, kann man im Hinblick auf die Entstehung des Sprachbildes von jemandem, der *einen vom Pferd erzählt*, auch auf eine ganz andere Idee kommen. Und die hätte mit dem Pferdehandel rein gar nichts zu tun. Es findet sich nämlich auch die Erklärung, hier gehe es vielmehr um den berühmten antiken Mythos vom Trojanischen Pferd, jener riesigen hölzernen Pferdeskulptur, die von den Griechen am Strand vor Troja zurückgelassen wurde, als sie nach jahrelanger Belagerung der Stadt unverrichteter Dinge scheinbar abgezogen waren. Ein verwundeter Soldat namens Sinon blieb zurück, der den Trojanern erklärte, das Holzpferd sei eine Opfergabe für die Göttin Athene. Es könnte die Trojaner schützen, wenn sie es in ihrer

Die Prozession des Trojanischen Pferdes

befestigten Stadt aufstellen würden – was sie dann auch taten. Allerdings saß der listige Odysseus mit einigen Kämpfern im hohlen Leib des Holzpferdes, kam des Nachts heraus, öffnete die Stadttore, rief die Schiffe der Griechen mit Feuerzeichen vom Meer zurück, und sie überfielen Troja und besiegten es. Sinon also hatte die Trojaner getäuscht, indem er ihnen *einen vom Pferd erzählte.*

Bleiben Sie also wachsam, liebe Leser, lassen Sie sich bitte *keinen vom Pferd erzählen* – oder gar *einen Bären aufbinden*!

Was nämlich für die Redewendungen aus Handwerk und Handel zutrifft, stimmt für die meisten der vielen Tausend anderen Redewendungen, die unsere Alltagssprache so bunt und lebendig machen: Nur selten können wir hieb- und stichfest sagen, welchen Ursprung sie genau haben. Oft gibt es mehrere denkbare Möglichkeiten für ihre Entstehung. Doch Sprache ist nun einmal keine Naturwissenschaft. Sie ist – über alle Zeiten und Entwicklungen hinweg – ein Abbild unseres Lebens. Genau das macht die Beschäftigung mit Sprachbildern ja so reizvoll, und ich würde mich sehr freuen, wenn Sie an denen aus Handwerk und Handel ebenso viel Spaß hatten wie ich. In diesem Sinne hoffe ich, dass dieses Büchlein für Sie kein *Schuss in den Ofen* war.

Und das war auch schon das Schlusswort.
Herzlichst
Ihr

H. Dieter Neumann
Sommer 2017

Pferdemarkt in Lorenzkirch

Alphabetisches Verzeichnis der Redewendungen in diesem Buch

Die Rast der Bauern von Giovanni Domenico Tiepolo um 1757

Quellenverzeichnis

Bücher:
Georg Büchmann „Geflügelte Worte", Knaur Verlag, 1977 • Jacob u. Wilhelm Grimm „Deutsches Wörterbuch", dtv 1999 • Friedrich Seiler „Deutsche Sprichwörterkunde", Beck, München 1922 • Duden „Redensarten", Dudenverlag 2007 • Duden „Wer hat den Teufel an die Wand gemalt?" – Redensarten, Dudenverlag 2014 Klaus Müller „Lexikon der Redensarten", Bassermann Verlag 2005 • Christa Pöppelmann„Redensarten und Sprichwörter", Compact Verlag 2016 • Carlos Ampié Loria u. Katja Ullmann „Das A und O: Deutsche Redewendungen", Klett Sprache 2009 • Franz-Josef Hücker, „Das Akazienblatt" Nr. 07/2014

Internet:
Redensarten-Index, www.redensarten-index.de • Sprachschach – Über Sprache nachgedacht, www.sprachschach.de • Geolino, www.geo.de/geolino/redewendungen • Gesellschaft für deutsche Sprache e.V., www.gfds.de • Mundmische, www.mundmische.de • Sprichwörter und Redewendungen, www.sprichwoerter-redewendungen.de • Redensarten.net, www.redensarten.net • Blueprints, www.blueprints.de/wortschatz/von-narziss-bis-pyrrussieg • Wortbedeutung.info – Wörterbuch, www.wortbedeutung.info • Wissenswertes, www.wissenswertes.at • Liste Deutscher Redewendungen, Wikipedia, www.wikipedia.org • Uli Söhnel – Redewendungen, www.uli.söhnel.info/redewendungen • Wiki X, Redewendungen, www.wiki-x.de/redewendungen Universal-Lexikon, www.deacademic.com • Medienwerkstatt-Wissenskarten, www.medienwerkstatt-online.de Wissen, www.wissen.de/wortherkunft

Bildnachweis:
Regionalia Verlag, Archiv: 4, 7 ,32, 35, 55, 56, 66, 74, 77, 86, 114

Sonstige, gemeinfrei: 10, 18, 23, 29, 34, 40, 46–47, 54, 61, 75, 81, 88–89, 111, 116

Wikimedia commons: 6 (Classical Numismatic Group, Inc. http://www.cngcoins.com); 11 (Obersachse) 14 (Walter Mittelholzerl); 15 (Hugo Gerhard Ströhl, cgb); 42 (Georg Agricola); 26 (Hans Chr. R.) 28 (unbekannt); 33 (nevsepic.com.ua); 36 (unbekannt); 37, 103 (Wellcome Images); 43 (Köhne); 45 (United States Navy Department.); 48 (Bullenwächter); 51 (Anzeigenabteilung Karstadt); 52 (The Fastad Centre) 58 (lQEDjT-_MXaMJQ_at Google Cultural Institute); 69 (Georg Müller vom Siel); 76 (Franz Völkl) 78 (Sandstein); 80 (www.pinakoteka.zascianek.pl); 84 (Timur Lenk); 90, 91, 101 (The Yorck Project) 92 (unbekannt); 94 (Maarten van Heemskerck); 105 (unbekannt); 108–109 (Palais Dorotheum); 110 (unbekannt); 113 (Eugène Atget); 115 (The British Library); 118 (Litografi av C W Svedman); 119 (Gottfried Heinrich Geißler/ Johann Erdmann Ferdinand Steinacker); 120 (unbekannt); 122, 126 (Giovanni Domenico Tiepolo); 123 (unbekannt)

fotolia: 31 (osoznaniejizni); 51 (Shawn Hempel); 73–123 (mates, tanyasid, ~ Bitter ~, sumire8)

Grafiken:
„Designed by Freepik.com:: 2–128

Ebenfalls im Programm des Regionalia Verlages

ISBN 978-3-95540-194-8

ISBN 978-3-939722-31-1

ISBN 978-3-95540-243-3

ISBN 978-3-939722-36-6

jeweils 128 Seiten, Hardcover, **4,95**